DELIUS KLASING

GORDON HIGGINS

BILDER
SPEKTAKULÄRE WOLKEN- UND WETTERPHÄNOMENE
BUCH
VOM ALL UND VON DER ERDE AUS BETRACHTET
WETTER

DELIUS KLASING VERLAG

Die englische Originalausgabe mit dem Titel »Weather Wonders« erschien 2011
bei David & Charles, Brunel House, Newton Abbot, Devon, TQ12 4PU.

Bibliografische Information der Deutschen Nationalbibliothek
Die Deutsche Nationalbibliothek verzeichnet diese Publikation in der Deutschen Nationalbibliografie; detaillierte bibliografische Daten sind im Internet über http://dnb.d-nb.de abrufbar.

1. Auflage
ISBN 978-3-7688-3556-5
Die Rechte für die deutsche Ausgabe liegen beim Verlag Delius, Klasing & Co. KG, Bielefeld

Aus dem Englischen von Dr. Martin Friederichs
Lektorat: Felix Wagner, Dr. Petra Demmler
Herausgeber: Neil Baber, Verity Muir, Constance Novis
Layout: Jodie Lystor
Umschlaggestaltung: Gabriele Engel
Printed in China 2012

Delius Klasing Verlag, Siekerwall 21, D - 33602 Bielefeld
Tel.: 0521/559-0, Fax: 0521/559-115
E-Mail: info@delius-klasing.de
www.delius-klasing.de

Danksagung

Mein Dank gilt dem Team des Herausgebers David & Charles und darüber hinaus einigen weiteren Personen.

An erster Stelle möchte ich Andy Yeatman nennen, der mich an dieses Projekt herangeführt hat. Vielen Dank, Andy! Des Weiteren danke ich zwei guten Freunden und früheren Kollegen, John Charlesworth und Pete Trevelyan, dafür, dass sie mir den Nachweis für die Korrektheit zweier Abbildungen lieferten. Als drittes danke ich meinem Bruder Allan Higgins, der bei einer unverständlichen Formulierung für Klärung sorgte.

Schließlich danke ich von Herzen meiner lieben Frau Sue, die das ganze Projekt unterstützt hat, für ihre Hilfe und Geduld. Danke!

GH

Inhalt

Vorwort

Dieses Buch kann den Leser in Staunen versetzen. Ich sage so etwas nicht oft, denn ich halte mich selbst für ziemlich schwer zu beeindrucken, zumal seit über 20 Jahren die Wetterbeobachtung und das Auswerten von Wetteraufnahmen ein Teil meiner täglichen Arbeit sind. Dieses Buch weckt in mir aber den Gedanken, eine bessere Fotokamera anzuschaffen.

Der Anblick der vielen wunderbar zusammengestellten Bilder erinnerte mich an so manches, das in mir selbst einmal das Interesse an der Meteorologie geweckt hat. Das, was man auf den ersten Blick erkennt, ist die Tatsache, dass wir auf einem beeindruckenden und erstaunlich schönen Planeten leben, um dessen Erhaltung wir uns alle mehr bemühen könnten. Als zweites fällt das gewaltige Ausmaß des weltweiten Wettergeschehens auf und dessen Einfluss auf unser tägliches Leben. Als drittes zeigt sich, dass die Natur, und insbesondere das Wetter, keine sozialen, geographischen oder politischen Grenzen kennt. Die Atmosphäre ist ein lebendiges und sich stets veränderndes System, in dem sich Vorgänge verschiedener Dimensionen wechselseitig beeinflussen, und Wetterereignisse unterschiedlicher Lebensdauer entstehen, sich entwickeln und wieder vergehen.

Früher hätte sich wohl kaum jemand vorstellen können, in welchem Maß die Entwicklung der Technik, wie beispielsweise die Satellitenbeobachtung, dazu beitragen kann, die Geheimnisse des Wettergeschehens und die zugrundeliegenden Prozesse zu entschlüsseln – dazu gibt es einige beeindruckende Beispiele in diesem Buch.

Ich möchte jedem die Herausforderung nahe legen, sich von diesem Buch nicht beeindrucken zu lassen. Ich bin sicher, dass es die Phantasie anregt, aber ich hoffe auch, dass es eine Neugier weckt, mehr über unser Wetter und Klima zu erfahren – Sie können mir glauben, es ist ein faszinierendes Gebiet.

Professor Paul Hardaker, CMet
Geschäftsführender Direktor der Royal Meteorological Society

Einführung

Das *Bilderbuch Wetter* stellt die raue Gewalt, aber auch die Erhabenheit des Wettergeschehens auf der Erde dar. Das Buch betrachtet das Wetter aus zwei Perspektiven: von oben aus dem All und von unten, von der Erdoberfläche aus. Von oben, vom Satelliten aus, bietet die Erde selbst den prachtvollen Hintergrund für das Wetterbild. Aus dieser Perspektive erfahren wir die lebendigen Vorgänge der großräumigen Wettersysteme und erleben bemerkenswerte Wolkenmuster. Wir werden auch Beispiele für die Schönheit einiger lokaler Wetterphänomene sehen.

Von unten aus betrachtet, zeigt das *Bilderbuch Wetter* in kleinräumigeren Maßstäben einzelne Wolken oder Wolkenanordnungen und andere Phänomene, die sie hervorrufen. Wir werden Erscheinungen wie Regenbogen und andere farbenschillernde Himmelsphänomene erklären, einschließlich Halos, Zenitalbogen und irisierende Wolken. Diese Phänomene sind in beeindruckender Pracht dargestellt.

Vor dem Hintergrund der Schönheit des aktuellen Wettergeschehens steht immer die Gewissheit, dass das Klima der Erde sich verändert. Das *Bilderbuch Wetter* zeigt auch einige Bilder einschneidender Begleiterscheinungen des Klimawandels. Vielleicht können solche einprägsamen Bilder dazu beitragen, uns vor Augen zu führen, was auf unserem Planeten vorgeht, um so den persönlichen Einsatz zur Begrenzung dieses Wandels zu fördern.

Auf die eine oder andere Weise sind wir alle vom Wetter betroffen. Wo immer wir auch leben, dem Wetter können wir uns nicht entziehen. Vielleicht müssen wir unsere Kleidung an einen heißen Sommer oder an einen harten winterlichen Frost anpassen. Vielleicht müssen wir uns mit langanhaltender Trockenheit oder sintflutartigem tropischem Regen auseinandersetzen. Eines ist gewiss, das Wetter ist unser ständiger Begleiter.

Die Kräfte, die das Wetter weltweit antreiben

Die Sonne ist das Kraftwerk, das die Erdoberfläche mit der lebensnotwendigen Wärme versorgt. Der Wasserdampf in der Luft sorgt für Wolken, Regen und Schneefall, und ist damit die Grundlage für das Wasser, das wir zum täglichen Leben benötigen. Die Rotation der Erde wirkt wie eine gigantische Mischanlage, die Wärme und Wasserdampf verteilt und verlagert. Diese Faktoren lassen zusammen das faszinierende Wetter entstehen, das wir täglich erleben.

Ohne die Sonne wäre auf unserem Planeten kein Leben möglich. Wir wären extrem niedrigen Temperaturen ausgesetzt, viel zu niedrig, um Leben zu ermöglichen. Ohne Wasser gäbe es keine Ozeane, keine Seen, keine Flüsse – und keine Wolken. Wir würden in einer unfruchtbaren Wüste leben, vergleichbar mit den Bedingungen auf dem Mars. Ohne die Erdrotation hätten wir keinen Tag- und Nachtrhythmus. Die Durchmischung der Atmosphäre wäre weitgehend reduziert und viele Wetterphänomene, die in diesem Buch zu bewundern sind, würden nicht existieren: Es gäbe keine tropischen Wirbelstürme wie Hurrikane und Taifune, keine Tornados und keine Tiefdruckgebiete.

Die Sonne, die Luftfeuchtigkeit und die rotierende Erde – gemeinsam formen sie unser Wetter. Ohne diese Zutaten gäbe es kein Wetter.

Wetter beobachten und vorhersagen

Es gab eine Zeit, in der niemand wusste, wie das Wetter entsteht. Viele Kulturen betrachteten Wetter als ein göttliches Wirken und bemühten sich durch Rituale und Opfer auf das Geschehen Einfluss zu nehmen. Erst im frühen 19. Jahrhundert schuf Admiral Frances Beaufort das erste wissenschaftlich begründete System zur Beobachtung des Wetters und zur Aufzeichnung von Wetterdaten. Seine Windskala und sein Wetterschlüssel bildeten die Basis für einfache Wetterbeobachtungen, die schließlich zu einem besseren Verständnis der großräumigen Wettersysteme führten.

Langsam entwickelte sich die Meteorologie als wissenschaftliche Disziplin. Admiral Robert FitzRoy entwickelte ein Barometer zur Luftdruckmessung. Das wachsende Telegrafienetzwerk ermöglichte es, international zu kommunizieren und Daten zu sammeln. Als Admiral FitzRoy 1854 Leiter der Abteilung Meteorologie im Board of Trade wurde, war er bereits in der Lage einfache Wettervorhersagen zu machen. Endlich begann sich ein weltweites Wetterbeobachtungsnetz zu bilden.

Seit dieser Pionierzeit haben sich die Beobachtungsmethoden in hohem Maß verändert. Die bedeutendste Änderung ist die Einführung der Satellitenbeobachtung seit den 1960er-Jahren. Zum ersten Mal wurden Wolkenformationen, die große Teile der Erde bedecken, auf einem Bild sichtbar. Bei deren Studium erkannten die Meteorologen Wettermuster und sie waren nun in der Lage, die Bewegungen der Wolken zu interpretieren. Dies führte zu einer wesentlichen Verbesserung der Vorhersagegenauigkeit.

Wettersatelliten messen unter anderem Temperatur, Luftfeuchtigkeit und Wind. Diese Messdaten werden den verschiedenen Wetterdiensten zugesendet, wie z. B. dem Deutschen Wetterdienst (DWD).

In der numerischen Wettervorhersage werden komplizierte und hoch entwickelte Computermodelle verwendet, um den physikalischen Zustand der Atmosphäre weltweit zu analysieren und Wettervorhersagen zu machen. Diese Modelle bilden heute die Grundlage aller Wettervorhersagen. Milliarden von Einzeldaten gehen in die Berechnung der Vorhersagen ein. Sie werden rund um den Globus und in verschiedenen Höhen der Atmosphäre gesammelt und zunächst für die Erstellung des Ist-Zustands verwendet. Anschließend werden in Milliarden von Rechenschritten die heutzutage erstaunlich genauen Prognosen erstellt.

Wettergeschehen, im großen und kleinen Maßstab

Im globalen Maßstab erzeugen Sonne, Luftfeuchtigkeit und Erdrotation beständige Muster von Windsystemen und Druckverteilung. Hochdruckgebiete sind das Resultat absteigender Luftbewegung mit Winden, die (auf der Nordhalbkugel) im Uhrzeigersinn um das Hoch herum wehen. Tiefdruckgebiete sind mit aufsteigender Luftbewegung verbunden, und die Winde wehen (auf der Nordhalbkugel) gegen den Uhrzeigersinn um das Zentrum. Eine lange Tiefdruckrinne verläuft in etwa entlang des Äquators und zwei weitere Zonen tieferen Drucks befinden sich in den gemäßigten Breiten Richtung Arktis und Antarktis. Über den Polen ist der Luftdruck hoch, das gleiche gilt für die Zonen entlang der nördlichen und südlichen Wendekreise.

Da sich die Luft immer vom höheren Druck Richtung niedrigeren Druck bewegt, erzeugt die genannte Luftdruckverteilung ein globales Windsystem. Die Verteilung der Hauptwindregionen unterliegt, durch die geneigte Rotationsachse der Erde, einem jahreszeitlichen Wechsel. In den Tropen variiert das Wetter kaum, weder von Tag zu Tag, noch im Jahresgang. Die Luft ist meist heiß und feucht, und der meiste

Regen stammt von Gewitterschauern. Je größer der Abstand vom Äquator, desto stärker werden zunächst die jahreszeitlichen Schwankungen. An den Polen ist es wiederum das ganze Jahr über kalt oder sogar sehr kalt.

Die subtropischen und gemäßigten Breiten erzeugen das interessanteste und abwechslungsreichste Wetter auf der Erde. In den Subtropen erwärmt die Sonnenstrahlung im Sommerhalbjahr einen großen Teil der Meeresoberfläche. Hier entstehen die tropischen Wirbelstürme. Sie sind auf dem Atlantik sowie im nordöstlichen und südlichen Pazifik als Hurrikan bekannt, im nordwestlichen Teil des Pazifiks als Taifun und als tropischer Zyklon im Indischen Ozean.

In den vergangenen Jahren haben tropische Wirbelstürme verheerende Schäden in vielen Teilen der Welt verursacht, unter anderem in Ostafrika, auf dem indischen Subkontinent und in Südostasien, vor allem auf den Philippinen.

Die atlantischen Hurrikane haben besonders die karibischen Inseln, Mexiko und den Süden der USA in Mitleidenschaft gezogen. Um die Wirbelstürme voneinander unterscheiden zu können, werden sie in alphabetischer Reihenfolge mit abwechselnd männlichen und weiblichen Namen versehen. Im Laufe einer atlantischen Hurrikansaison, von Juni bis November, entstehen durchschnittlich 10 tropische Wirbelstürme und 6 Hurrikane. Das sind allerdings nur 10 bis 15 Prozent der weltweiten tropischen Sturmtiefs. Im Jahre 2005 gab es die bisher aktivste und folgenschwerste Wirbelsturmsaison über dem Atlantik, mit 28 tropischen Wirbelstürmen und 15 schweren Hurrikanen.

In gemäßigten Breiten kommen Tiefdruckgebiete häufig vor, man nennt sie hier Zyklonen. Auf der Nordhalbkugel entstehen sie, wenn kalte Polarluftluft nach Süden vordringt und dabei auf tropische Luftmassen trifft, die nach Norden strömen. Ein heranwachsendes Tiefdruckgebiet hat meist eine voranschreitende Warmfront und eine nachfolgende Kaltfront. Diese Fronten erhalten ihre Bezeichnung durch die in Bewegungsrichtung hinter ihnen liegenden Luftmassen. Obwohl sie meist weniger intensiv sind als tropische Stürme, können Tiefdruckgebiete sehr viel Regen und Wind mit sich bringen. In den Wintermonaten haben sie ihre höchste Aktivität und sorgen für schlechtes Wetter in Nordamerika, Europa und Nordasien.

Klimawandel

Im Laufe der letzten 30 Jahre ist immer wieder die Frage aufgetaucht, ob sich das Klima ändert oder nicht. Eine Hauptursache ist die steigende Freisetzung von Treibhausgasen in die Atmosphäre, vor allem Kohlendioxid durch die Verbrennung von Holz und fossilen Brennstoffen sowie Erdöl, Gas und Kohle. Diese Gase nehmen einen Teil der Wärmestrahlung auf und reduzieren damit die übliche Wärmeabgabe in das Weltall, was zu einer messbaren Erwärmung von Atmosphäre und Erdoberfläche führt.

Zwei Fragen stehen dabei im Vordergrund. Ändert sich das Klima? Und, wenn das der Fall ist, ist die Menschheit dafür verantwortlich?

Die Erkenntnis, dass ein Klimawandel weltweite Auswirkungen hat, bewogen im Jahre 1988 die World Meteorological Organization (WMO) und das Umweltprogramm der Vereinten Nationen dazu, einen Weltklimarat (Intergovernmental Panel on Climate Change (IPCC)) einzurichten, um unterschiedliche Aspekte im Zusammenhang mit einem Klimawandel zu untersuchen und »die Antworten« zu finden.

Zunächst wurden umfangreiche Computermodelle verwendet, die alle bekannten Faktoren berücksichtigen sollten, die auf die Atmosphäre einwirken. Erst in letzter Zeit wurde klar, dass die Prozesse in den Ozeanen einbezogen werden müssen. Aus diesem Grund begann man sehr komplizierte gekoppelte Ozean-Atmosphäre-Modelle zu entwickeln.

Was ist nun die Antwort? Zum Jahresbeginn 2007 aktualisierten die Wissenschaftler des IPCC ihre früheren Ergebnisse und wiesen mit noch mehr Nachdruck darauf hin, dass sich das Klima ändere. Vor allem die Verbrennung fossiler Rohstoffe setzt so viel Kohlendioxid in die Atmosphäre, dass sich die Erde dadurch erwärmen muss. Die Menschen sind demnach die (Mit-)Verursacher dieses Klimawandels. Welche Tatsachen unterstützen diese Aussage? Im Laufe des 20. Jahrhunderts zeigen die Klimaaufzeichnungen einen weltweiten langsamen Temperaturanstieg von etwa 0,5 °C. Auf der Nordhalbkugel ist die Temperatur stärker gestiegen als zu jeder anderen Zeit in den letzten 1000 Jahren. Darüber hinaus war das Jahrzehnt von 1990 bis 2000 das wärmste der vergangenen tausend Jahre, und die ersten Jahre des neuen Jahrtausends führen diesen Trend fort. Die Mehrzahl der Gletscher schmilzt und ist auf dem Rückzug. Die arktische Meereisdecke schrumpft in Fläche und Mächtigkeit. Es besteht Einigkeit darüber, dass es in Zukunft wärmere Sommer und ausgedehntere Dürren geben wird, und es wird darüber diskutiert, dass der Klimawandel noch andere Folgen haben könnte. Die Klimaforscher arbeiten an der Klärung weiterer wesentlicher Fragen: Wird die Sturmhäufigkeit zunehmen? Wie wird die Niederschlagsverteilung aussehen? Was geschieht bezüglich der Häufigkeit und Stärke tropischer Wirbelstürme?

Ein prachtvolles Schauspiel der Natur

Damit kehren wir wieder zum Ausgangspunkt zurück, zur Schönheit unseres täglichen Wetters. Vielleicht staunen Sie über die furchterregende Gewalt eines tropischen Wirbelsturms oder über Gewitterwolken mit ihrem beeindruckenden Blitz und Donner oder über Tornados, die ihre zerstörerische Bahn ziehen. Vielleicht ziehen Sie aber auch das Farbenspiel eines Regenbogens, spektakuläre Sonnenuntergänge über den Bergen oder das gespenstische Flimmern des Polarlichts vor.

Atmosphärische Eindrücke sind dazu da, dass wir sie sehen. Manche von ihnen begleiten uns in irgendeiner Form jeden Tag. Zugegeben, einige Regionen der Erde bieten mehr spektakuläre Seiten des Wetters als andere, aber wo immer wir auch sein mögen, wird es schöne Blicke auf das Wetter geben, wenn wir uns nur die Zeit nehmen, auf sie zu achten.

Ich genieße seit über 50 Jahren den Blick aufs Wetter, und ich langweile mich nie, die Entfaltung einer natürlichen Pracht zu beobachten. Auch heute, wo ich gerade dabei bin zu schreiben, ziehen die Regenwolken des frühen Morgens von dannen, und der Himmel klart sich langsam auf. Eine Front überquert Großbritannien und sorgt für einen raschen Wechsel zwischen Wolken mit Regen und Sonnenschein bei klarem Himmel sowie zwischen warmer Feuchte und frischer, kalter Luft.

Ich denke, dass Sie, dank der Bilder in diesem Buch, meine Freude an der wahren Schönheit unseres *Bilderbuchs Wetter* teilen werden.

Gordon Higgins

Teil 1 Wetter von oben

Das *Bilderbuch Wetter* besteht aus zwei Teilen: Im ersten Teil betrachten wir das Wetter vom Himmel aus, meist aus der Perspektive der Satelliten, die unsere Erde umkreisen. Einige der Bilder wurden von Astronauten aufgenommen, die auf ihrer Flugbahn auf die Erde blickten. Diese Bilder von oben zeigen großräumige Wettermuster.

»Mit einem Schnappschuss erhalten wir einen Blick auf die weltweiten Wettermuster.«

1 Weltkarten aus der Satellitenperspektive

Wir beginnen unsere Erkundung des Wetters aus der erhabenen Perspektive der Satelliten im All. Wir werden Bilder der ganzen Erdhalbkugel sehen, die von geostationären Satelliten aufgenommen wurden. Ihre Umlaufbahn ist mit der Rotation der Erde synchron, so haben sie stets eine gleichbleibende Blickrichtung. Auf diese Weise können wir sozusagen mit einem »Schnappschuss« einen Blick auf die weltweiten Wettermuster erhalten.

Wir werden dann das Augenmerk auf eine Reihe regionaler Wetterphänomene richten, die in bestimmten Gebieten, auf Kontinenten oder Ozeanen auftreten. Über dem Nordatlantik sind es Tiefdruckgebiete und Fronten. Über dem Mittelmeer ist es klarer Himmel neben Wüsten, Wolken und Schnee in Gebirgen. Über Nordamerika schließlich gibt ein klarer Himmel die schneebedeckte Weite im Gebiet der Großen Seen preis.

Viele der Aufnahmen stammen von Satelliten, die den Globus mehrmals am Tag, meist in der Nähe der Pole, umkreisen. Sie haben bei jedem Umlauf eine neue Perspektive auf die Erdoberfläche. Ob schwarz-weiß oder in Farbe, diese globalen und regionalen Bilder geben uns einen unvergleichlichen Überblick über unser *Bilderbuch Wetter*.

Globale Systeme

Der blaue Planet

Diese beiden Aufnahmen unseres Planeten zeigen aus der Ferne, wo wir leben. Die Bilder sind Bestandteil einer Reihe von Abbildungen, die als Blue Marble (»blaue Murmel«) bezeichnet werden. Es handelt sich dabei um Zusammensetzungen von mehreren Einzelaufnahmen und Daten verschiedener Instrumente und Satelliten – eine gängige Verfahrensweise in der Fernerkundung. Die Abbildungen enthalten Informationen über Höhe und Form von Landmassen, die Art der Vegetationsbedeckung, die Morphologie der Ozeane, die Eisbedeckung in den Polargebieten und schließlich die Wolkenformationen, die unser Wetter gestalten.

Die linke Aufnahme zeigt in der Mitte den indischen Subkontinent. In der linken Bildhälfte sieht man Ostafrika, das Horn von Afrika und den Mittleren Osten. Die großen Anteile blauer Flächen zeigen hier, wie weiträumig unser Planet von Ozeanen bedeckt ist. Auf der rechten Seite sind Nord- und Zentralamerika und die Karibik zu sehen. Wieder ist die Weite des Pazifiks zu erkennen, der hier mehr als die Hälfte der Oberfläche einnimmt.

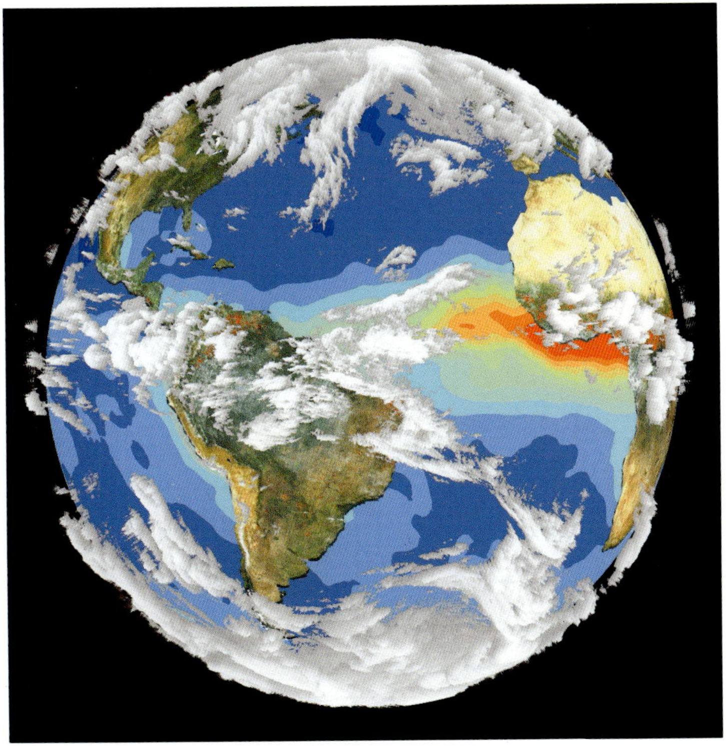

◄ Die 3-D-Atlantikhalbkugel

Satellitendaten und Aufnahmen von vier verschiedenen Quellen trugen zur Entstehung dieses 3-D-Bildes einer Erdhalbkugel bei. Die Darstellung von Land und Vegetation in Echtfarben stammt von einer der Quellen. Eine weitere Quelle mit höher auflösenden Daten zeigt zusätzliche Details, wie Brände in Mittel- und Südamerika sowie in Afrika (rote Punkte). Die Daten zu den Wassertemperaturen in den Ozeanen stammen von einer dritten Quelle, während die Wolkendarstellungen das Produkt von Daten mehrerer geostationärer Satelliten sind.

◄◄ Die Florida-»Schildkröte«

Diese Abbildung gibt uns einen ungewöhnlichen Blick auf den Südosten der USA, vor allem auf Florida. Der US-Bundesstaat sieht aus wie eine Schildkröte, die ihren Kopf aus dem Panzer hervorstreckt. Florida und die nördlich angrenzenden US-Staaten bilden zusammen ein riesiges wolkenfreies Gebiet zum Sonnenbaden. Nur über dem Atlantik und dem Golf von Mexiko gibt es ein paar versprengte Wolken. Die Flachwassergebiete bei den Florida Keys und um die Bahamas heben sich durch ihre türkise Färbung von dem Blau der tiefen Ozeane ab.

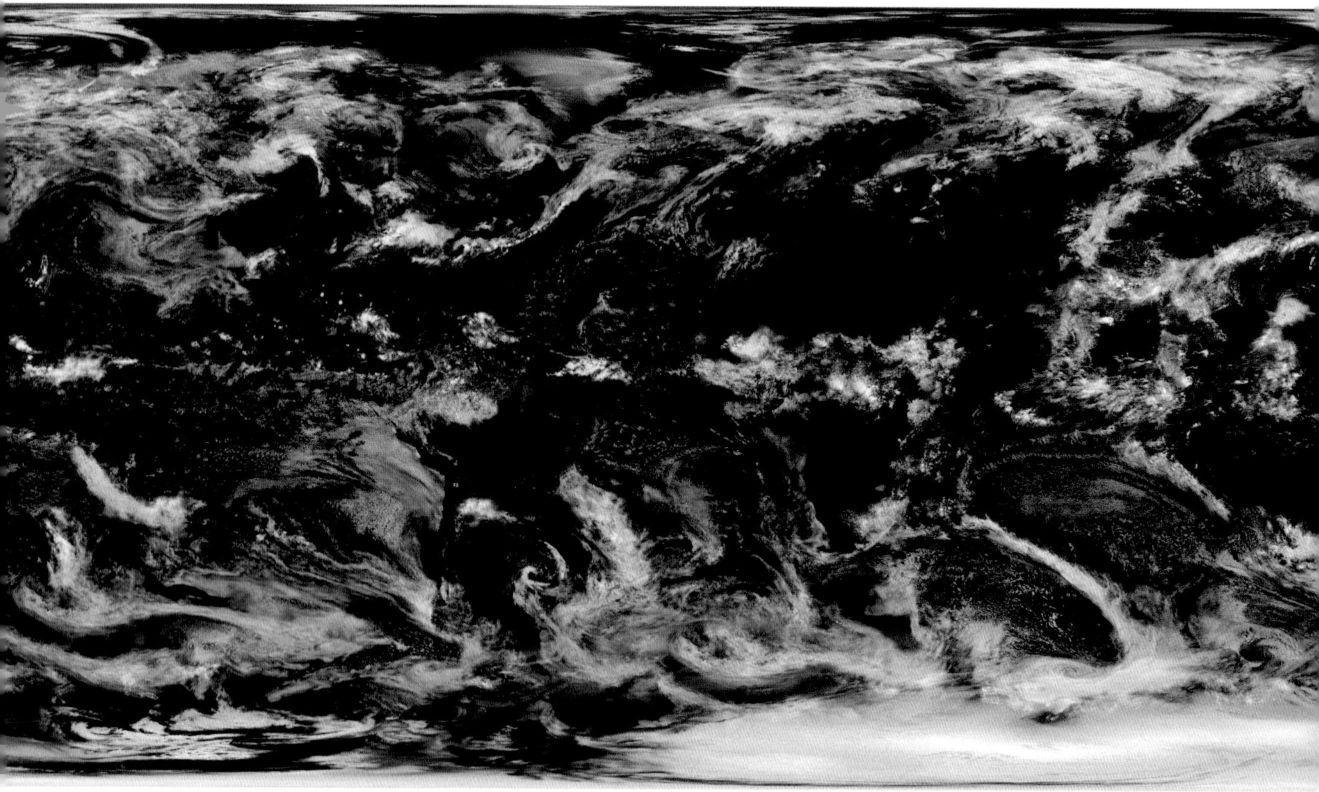

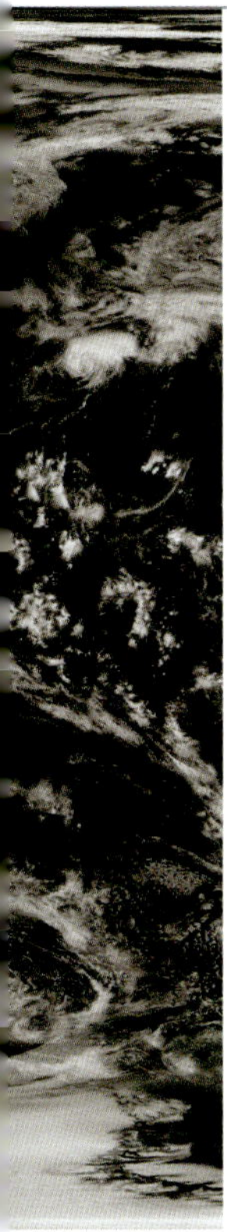

◄ *Blue Marble*-Wolkenstreifen

In dieser ungewöhnlichen Perspektive auf die Erde sehen wir Wolken einer *Blue Marble*-Zusammenstellung. Globusaufnahmen wurden zu einer Schwarz-Weiß-Darstellung auseinandergezogen. Diese Art des »Auseinanderwickelns« verzerrt und vergrößert die Wolkendarstellung mit zunehmendem Abstand vom Äquator zu den Polen. Trotzdem stimmt es, dass es in den Tropen und Subtropen insgesamt weniger Wolken gibt als in den gemäßigten Breiten, vor allem auf der Südhalbkugel. Die Meteorologen der Wetterdienste verfolgen und analysieren sorgfältig die Entwicklung, Bewegung und Auflösung von Wettersystemen und der zugehörigen Wolken.

▼ Wolkenstreifen auf der farbigen *Blue Marble*

Diese Aufnahme zeigt die Überlagerung einer Land- und Meerdarstellung mit dem Wolkenbild der linken Abbildung. Die Hauptquelle für diese kombinierte Aufnahme sind die Daten der Instrumente an Bord des Terra-Satelliten der NASA, dessen Umlaufbahn in 700 km Höhe liegt. Neben anderen Daten liefert dieser Satellit diese Wolkenbilder. Die Aufnahmen von Land- und Meeresregionen stammen von Beobachtungen von der Erdoberfläche aus; Daten zu Meer und Eis wurden eingefügt. Die Abbildung zeigt unsere Erde, umhüllt von schönen Wolkenformationen.

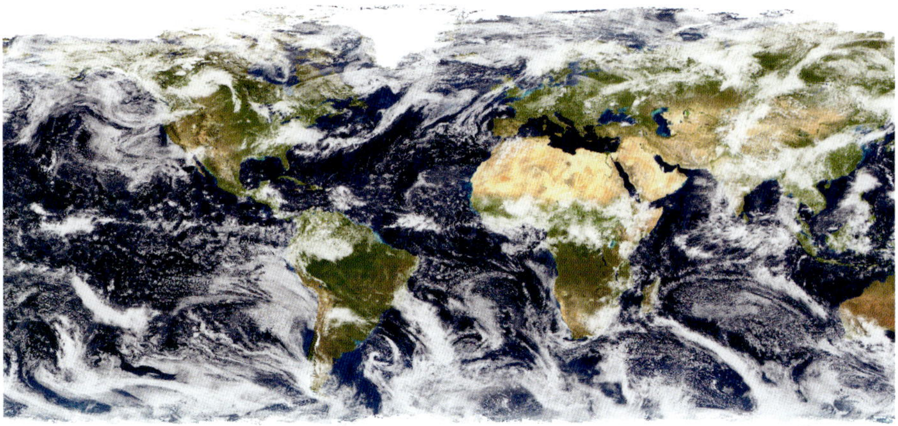

Techniken der Wettervorhersage

Die Afrika-Halbkugel von Meteosat

Diese beiden Abbildungen stammen von Meteosat, dem geostationären Satelliten der Europäischen Raumfahrtbehörde (ESA). Solche Bilder eignen sich hervorragend zur Analyse der Wetterlagen. Zusammen mit Aufnahmen von Schwestersatelliten, die die restlichen Regionen der Erde abdecken, ist es möglich, einen weltweiten Überblick über das Wettergeschehen zu erhalten. Werden diese Bilder zusammen mit rechnergestützten Boden- und Höhenwetterkarten analysiert, ist der Meteorologe für genaue Vorhersagen besser gerüstet als je zuvor.

◄ Auf der kleineren Abbildung ist der größte Teil des südlichen Afrika vollkommen wolkenfrei. Das Wolkenband in Äquatornähe, das in ost-westlicher Richtung verläuft, markiert die Innertropische Konvergenzzone. Sie bildet auch ungefähr die Grenze zwischen Nord- und Südhalbkugel. Wolken sind sogar über Teilen der Sahara zu erkennen.

In der rechten Abbildung ist ein größerer Teil Südafrikas von Wolken bedeckt: Hier hat inzwischen die Regenzeit eingesetzt. Die Sahara ist fast frei von Wolken. Noch weiter im Norden, über dem Atlantik, sind die bekannten Wirbelformen der Tiefdruckgebiete zu erkennen, die regelmäßig auf Europa übergreifen. ►

Stürme über Großbritannien im Oktober 2000

In England und Wales gab es im Jahre 2000 den regenreichsten Herbst seit Beginn der Aufzeichnungen 1766. Im Oktober 2000 überstieg die Regenmenge in diesen Regionen das Doppelte der Durchschnittsmenge. Das ist eine außergewöhnliche Bilanz! Außerdem wurde der Regen am Ende des Monats von extrem starken Winden begleitet und verursachte erhebliche Überflutungen. Diese Bildfolge vom 27. bis 30. Oktober erfasst die Tiefdruckgebiete und deren Fronten, während sie über Großbritannien hinwegzogen.

Die erste Abbildung zeigt den ausgeprägten Wirbel des Haupttiefs nahe Island mit verstreuten Schauerwolken im Süden und Fronten, die über Großbritannien verlaufen. Das Unwetter begann am 28. Oktober (Abb. Mitte links) als das erste einer Reihe von sogenannten Teiltiefs sintflutartige Regenfälle und Sturm brachte, und sogar ein Tornado über das Seebad Bognor Regis fegte. Obwohl der 29. Oktober vielerorts freundlich und trocken begann (Abb. Mitte rechts), wurden die Meteorologen schon auf das nächste Teiltief im Westen aufmerksam, das sich mit großen Wassermengen näherte. Die Fronten des Vortages hatten sich inzwischen über dem Norden der Britischen Inseln eingerollt. Als schließlich der letzte Sturm über die Inseln hereinbrach (Abb. rechts), erreichte der Wind Geschwindigkeiten bis 205 km/h und wurde von 25–75 mm Regen begleitet. An mehreren Orten kam es zu Überschwemmungen.

Hitzewelle über Europa im August 2003

Diese beiden Bilder wurden gleichzeitig am 5. August um 12:57 UTC aufgenommen. Es sind zwei verschiedene Darstellungen eines unter der Hitze brütenden Europas. Das eine Bild ist, wie ein normales Foto, im sichtbaren Wellenlängenbereich aufgenommen worden, das andere Bild ist das Ergebnis von Temperaturmessungen der Wolken- und Bodenoberflächen.

Das im sichtbaren Bereich aufgenommene Bild (links) zeigt das Land als graue und das Meer als dunkelgraue oder schwarze Fläche. Das Bild vermittelt auch einen Eindruck vom Relief der Gebirgszüge. Unterstützt wird diese Vorstellung durch die Mischung aus Wolken und Eis auf den Gipfeln, wie sie bei den Alpen und den Pyrenäen zu sehen ist. Die Wolkenfelder zeichnen sich als weiße Flächen ab.

Die Infrarotaufnahme (Temperaturmessung) zeigt ein deutlich anderes Bild. Die rekordhohen Temperaturen über dem Land setzen sich, umgekehrt zum Schwarz-Weiß-Foto links, in schwarz von dem Grau des wesentlich kühleren Meeres ab. Solche Unterschiede in der Darstellung können den Meteorologen wichtige Hilfen für die Vorhersage geben.

Die Hitzewelle 2003 brach alle Rekorde, in mehreren Ländern lagen die Höchsttemperaturen bei 40 °C bis 50 °C. Die Hitze kostete zwischen 30 000 und 50 000 Menschen das Leben und führte zu bedeutenden Ernteverlusten.

◄ Tief über Kanada

Tiefdruckgebiete bringen schlechtes Wetter mit sich. Das Zentrum dieses sommerlichen Tiefs befindet sich genau über der Hudson Bay in Ontario (Kanada). Das spiralförmig gewundene Wolkenband zeigt den Verlauf der Fronten an, die Teile der Bundesstaaten Manitoba (links), Ontario (Mitte unten) und Quebec (rechts) überqueren. Es ist vor allem die Kaltfrontspirale, die sich deutlich abzeichnet, während von der Warmfront nur noch ein kleiner Teil oben rechts im Bild erkennbar ist. Ein Gebiet mit Schauerwolken breitet sich im Bild unten links hinter der Kaltfront aus.

Tief bei Island ►

Ein Tiefdruckwirbel in seiner klassischen Form belegt über der Dänemarkstraße sehr schön die Tatsache, dass die Winde auf der Nordhalbkugel gegen den Uhrzeigersinn Richtung Tiefdruckzentrum wehen. Die im September 2003 entstandene Aufnahme erinnert an ein Schneckenhaus. Die Luft strömt vom hohen zum tiefen Druck, wird spiralförmig abgelenkt und steigt dabei in der Atmosphäre nach oben. Auf diese Weise bilden sich die charakteristischen Strukturen der Fronten aus, wie sie hier zu sehen sind. Im Bild oben rechts ist der nordöstliche Teil Islands zu sehen.

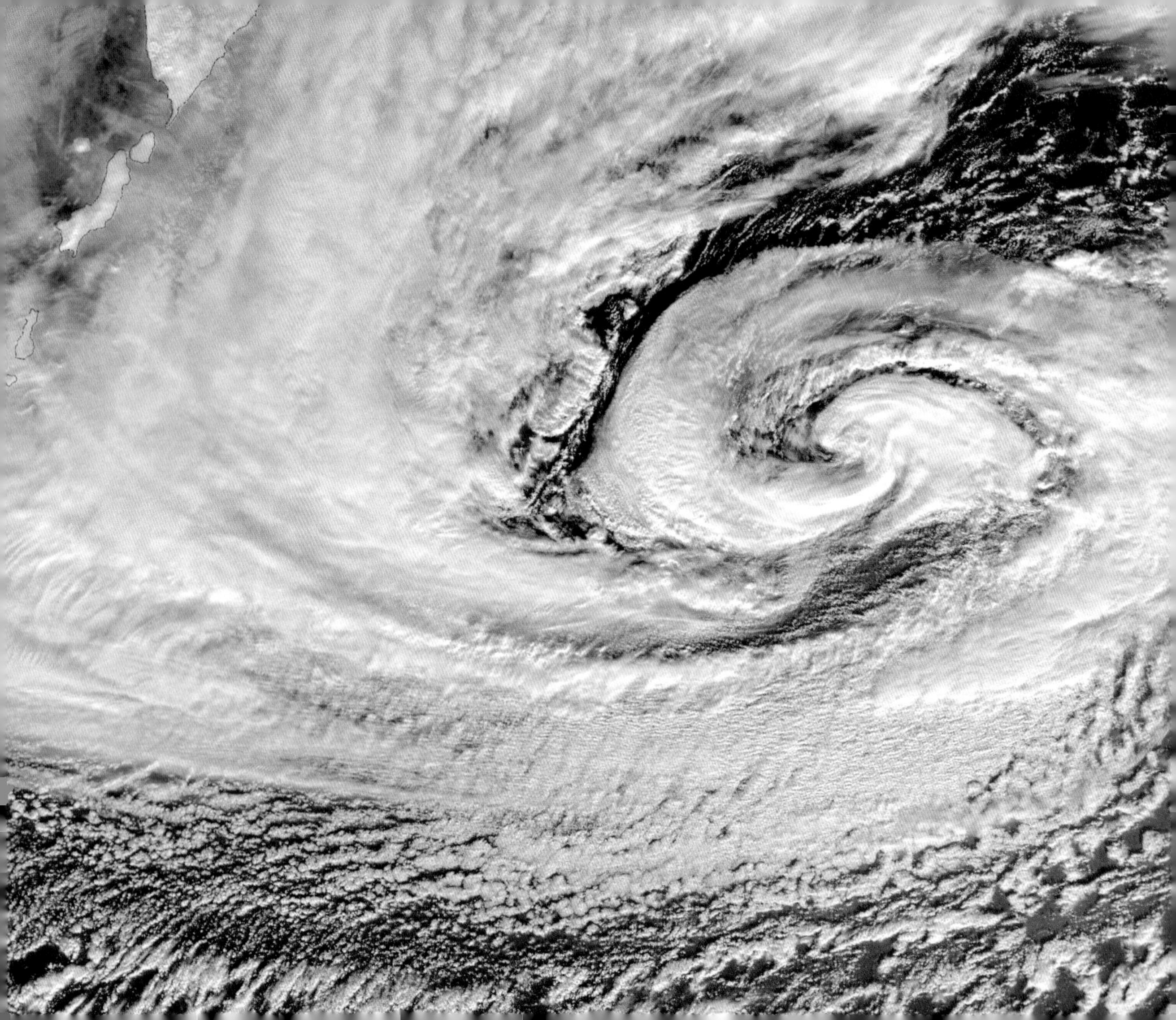

Tief über dem nordwestlichen Pazifik

Dieses eindrucksvolle Tiefdrucksystem wurde im Dezember 2002 vom Terra-Satelliten der NASA aufgenommen. Das Tiefdruckzentrum befindet sich südlich der russischen Halbinsel Kamtschatka und den Aléuten. Die schneebedeckte Spitze der Halbinsel ist oben im Bild am linken Rand sichtbar. Das Tief ist eine ausgereifte Zyklone mit Fronten, die sich in das Zentrum hineinwickeln. An den östlichen und südlichen Rändern des Tiefs ist das dichte Wolkenfeld der Fronten aufgelockert und weicht von dem typischen Muster der Wolkenspirale mehr und mehr ab.

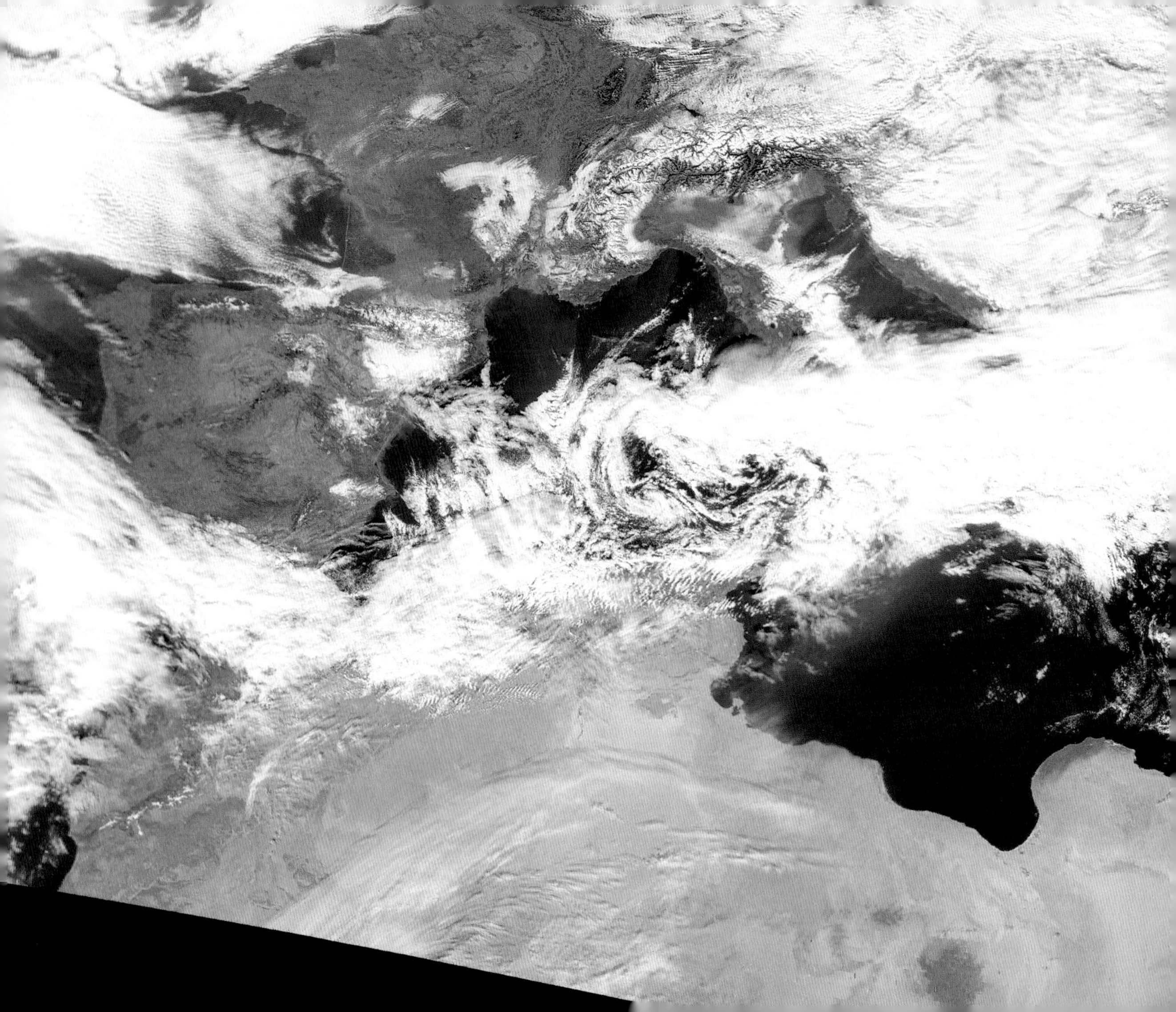

Wetterphänomene in kontinentalem Ausmaß

Wintersturm über Europa und dem Mittelmeerraum

Ein schwerer Sturm fegte am 16. Dezember 2001 über weite Teile Europas hinweg. Er brachte nicht nur hohe Windgeschwindigkeiten, sondern auch große Schneemengen und bittere Kälte mit sich. Die Folgen waren ein großräumiger Zusammenbruch des Verkehrsstromes und Stromausfall, der Hunderttausende Menschen betraf. Diese Echtfarben-Aufnahme, die am Tag nach dem schlimmsten Wetter entstand, zeigt dichte Sturmwolken sowie Schnee in den Alpen, Norditalien, den Pyrenäen und Südfrankreich. Außerdem ist mit Staub angereicherte Luft zu erkennen, die aus dem libysch-tunesischen Grenzgebiet in das Mittelmeer hineinströmt.

◄ Dichter Schnee über dem *Mittleren Westen* der USA

Am 1. Dezember 2006 blies ein schwerer Wintersturm über den Mittleren Westen der USA. Er führte zu weitreichenden Schäden: Die Straßen waren vereist, Flüge wurden abgesagt, Bäume und Zweige brachen, zwei Millionen Menschen waren ohne Stromversorgung, und zeitweise war der Autobahnverkehr gesperrt. Es gab viele Tote im Zusammenhang mit dem Sturm. Was wir hier auf dem Bild sehen, sind die Nachwirkungen: Ein breiter schneebedeckter Landstrich hebt sich von dem sonst bräunlichen Land ab. Zur Zeit der Aufnahme war das Tiefdrucksystem Richtung Kanada weiter gezogen und hinterließ den Mittleren Westen mehr oder weniger wolkenfrei.

Nebel über London ►

Dichter Nebel umgab London am Abend des 20. Dezember 2006 als der NASA-Satellit *Aqua* diese Aufnahme machte. Der dichteste Nebel liegt westlich von London, unter dem zweiten weißen Fleck, dicht nördlich der Ärmelkanalküste. Unter dieser Nebelbank befindet sich auch Londons größter Flughafen, Heathrow. Viele Flüge wurden abgesagt und 40 000 Reisende blieben wartend zurück. Über der Biskaya sind schöne Wolkenstraßen zu erkennen (in der Bildmitte unten).

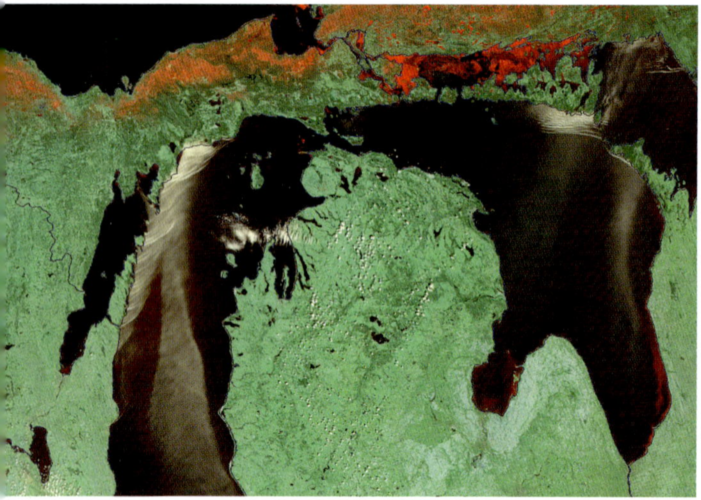

◄ Nebelschwaden über den Großen Seen

Im April 2002 erzeugte eine für die Jahreszeit zu warme und feuchte Luftmasse dieses Phänomen über den Seen Lake Huron und Lake Michigan. Die Lufttemperatur betrug etwa 20 °C, die Wassertemperatur lag unter 5 °C. Die Abkühlung an der Wasseroberfläche rief den Nebel hervor, der durch die Windbewegung zu großen Schwaden (in der Mitte der hier schwarzen Seen) heranwuchs. Wo der Nebel auf das Festland traf, kam es an manchen Küsten zu Staueffekten und es entstand ein interessantes Muster: Riffelungen, die wie Schockwellen aussahen (das Land ist grün dargestellt, Eis und Schnee rot).

Schneesturm am *President's Day* 2003 ►

Der Schneesturm, der vom 14. bis 19. Februar 2003 wütete, fiel mit dem President's Day zusammen. Betroffen waren große Teile der mittleren Atlantikregion und der Nordoststaaten der USA sowie Teile Kanadas. Es war ein Blizzard, der Rekorde brach. Das Bild entstand zwei Tage nachdem der Sturm weitergezogen war. Er hatte großflächig eine 38–76 cm dicke Schneedecke hinterlassen und brachte das Leben in vielen Städten zum Erliegen. Das Ausmaß dieses Ereignisses wurde durch eine klassische Kombination zweier Wettersysteme ausgelöst: ein Tiefdruckgebiet, das durch warme, feuchte Atlantikluft aus dem Süden genährt wird, und ein Hochdruckgebiet über Kanada, das kalte Luft aus dem Norden Richtung Tiefdruckzentrum führt.

◄ Wolkenloser Himmel im Osten der USA und Kanada

Das Bild sieht fast aus wie die Karte in einem Atlas und zeigt den seltenen Fall, in dem ein so großer Teil Nordamerikas wolkenfrei ist. Der klare Himmel ist das Resultat eines ausgedehnten Hochs über dem mittleren und östlichen Teil der USA. Die Wolken der Fronten sind bereits aus der Region abgezogen und über das Meer hinaus geschwenkt.

Luftverschmutzung über dem Chinesischen Meer ➤

Die Atmosphäre teilen wir mit all unseren Nachbarn, nah und fern, jedoch nicht immer zu unserem Vorteil. Dieses Bild zeigt Wolken und eine dichte Schicht abgashaltiger Luft, die, vom östlichen China ausgehend, über das Chinesische Meer Richtung koreanische Halbinsel und Japan weht. China stützt seine Energieversorgung weitgehend auf die Verbrennung von Kohle. Das liefert zwar billige Energie, führt aber leider auch zu Luftverunreinigungen in erheblichem Ausmaß. Der zusätzliche Ausstoß durch eine wachsende Zahl von Automobilen verstärkt das Problem auf drastische Weise.

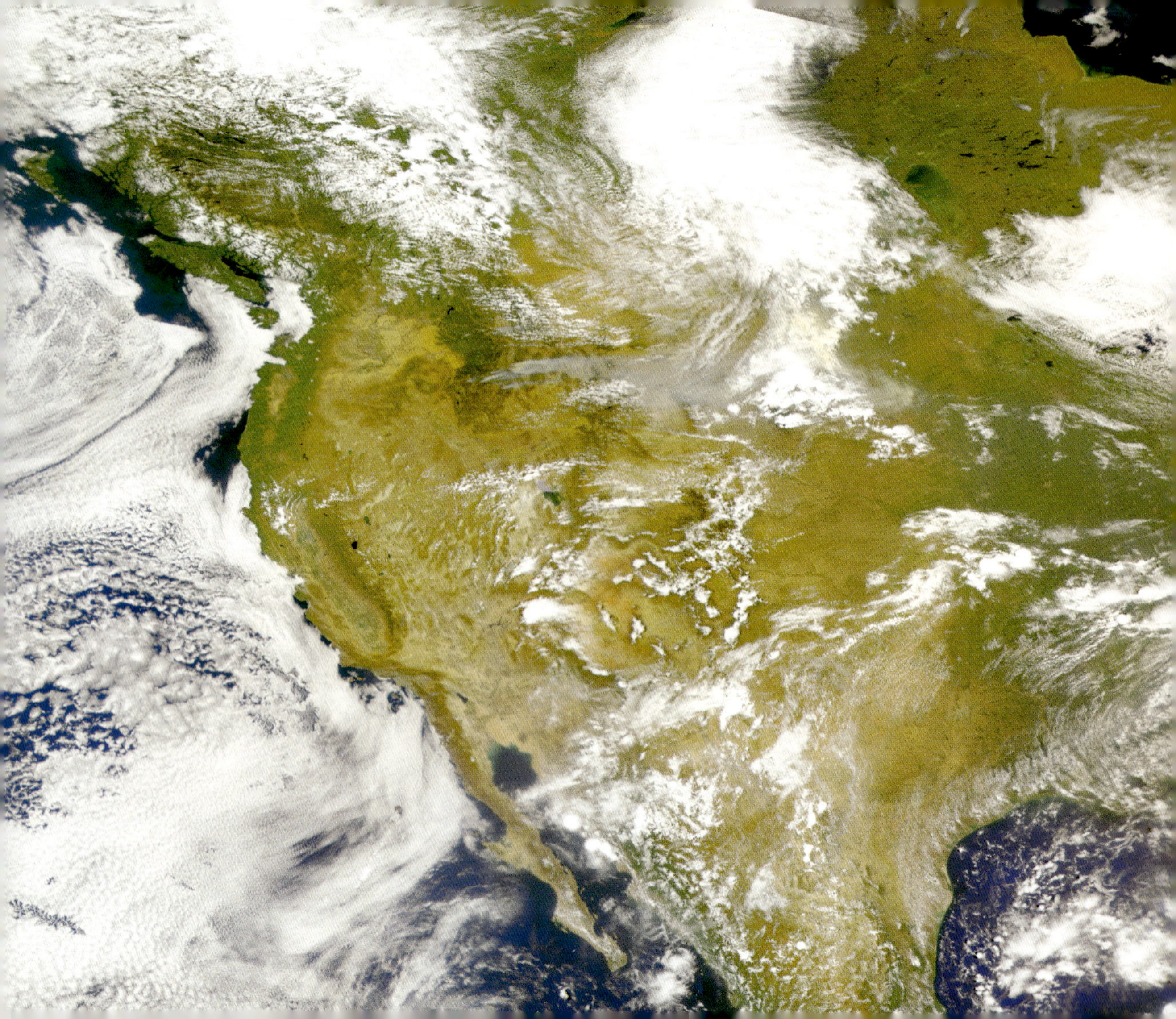

Nordamerika im Überblick

Diese eindrucksvolle »Wolkenlandschaft« zeigt eine ganze Reihe von Mustern, die vom All aus erkennbar sind. An der Westküste drängen zahlreiche Wolken bis dicht an die Küste heran, sind aber nicht in der Lage, auf das Land vorzudringen. Im Nordosten weisen dichte weiße Wolkenschichten auf ein Tiefdruckgebiet hin. Die kleinen, aber kompakten weißen Wolkenflecken über dem Mittleren Westen deuten auf Gewitter hin, ebenso die ausgedehnten Wolkenhaufen über dem Golf von Mexiko. Es sind auch ein paar Rauchfahnen zu erkennen (dünne graue Streifen), die von West nach Ost über Manitoba hinwegziehen, sowie kleinere weiße Schwaden in der Südwestecke der Hudson Bay.

»Satellitenbilder offenbaren erstaunliche Details der vielseitigen Prozesse, die sich über unseren Köpfen abspielen.«

2 Wolkenformationen

Für einen Meteorologen, der Wettervorhersagen macht, besteht der große Nutzen der Satellitenaufnahmen darin, dass er – und wir – ein klares Bild von den Wolken in einem überregionalen Maßstab erhält. Vom Boden aus überblicken wir nur einen kleinen Ausschnitt der Atmosphäre von wenigen Kilometern. Mit dem Satelliten haben wir ein Auge am Himmel, das über viele Hunderte von Kilometern blickt. Das lässt uns Muster erkennen, die uns vom Boden aus verborgen bleiben.

Über weite Bereiche der Erdkugel hinweg sind es Tief- und Hochdrucksysteme, die das Wetter bestimmen. Tiefdruckgebiete haben meist wolkenreiche Fronten, die Regen oder Schnee in sich tragen. Das Kennzeichen der Tiefs sind die großen Wirbel, die wir in Kapitel 1 gesehen haben.

Global betrachtet ist aber zur selben Zeit auch immer ein großer Teil der Atmosphäre wolkenfrei oder von Wolkenmustern durchzogen, die kein schlechtes Wetter bringen. Diese »harmlosen« Phänomene haben ihren eigenen Charme, und sie verraten zugleich erstaunliche Details der komplizierten Prozesse, die sich über unseren Köpfen abspielen. In dem folgenden Kapitel werden wir interessante Satellitenbilder von Wolkenphänomenen sehen, die immer wieder am Himmel auftauchen.

Wolkenformen

◄ Wolkenstraßen über der Mosambik-Straße

Dieses Echtfarben-Bild vom 16. August 2002 zeigt ein schönes Muster von Wolkenstraßen in der Mosambik-Straße. Diese Wolkenstränge bilden sich parallel zur Windrichtung, wenn kontinentale Luft in gleichmäßiger, nicht allzu starker Strömung über einer wärmeren Schicht aufgeheizt wird. Die Kombination von horizontaler und aufsteigender Luftbewegung versetzt die Luft in eine gewindeförmige Bewegung und bildet viele solcher nebeneinander liegender Wendelgänge. Dort, wo Luft im Wirbel aufsteigt, bildet sie Wolken, wo sie absinkt, bleibt der Himmel klar.

Wolkenbögen im Westpazifik ►

Konvektion – die direkte Erwärmung der Erdoberfläche durch die Sonnenstrahlung – ist die treibende Kraft dieser Wolkenbogen.

Die größeren bewölkten Flächen innerhalb der Wolkenbogen haben mehr Kraft als die kleineren. Die Luft steigt auf und kühlt sich ab. Sie dehnt sich in der Höhe aus, sinkt Richtung Meeresoberfläche ab und breitet sich dabei noch weiter aus. Das besondere Zusammenwirken von Wind, Temperatur und Luftfeuchte versetzt die absteigende Luft in die Lage, die kleineren Cumulus-Wolken in einem halbkreisförmigen Kranz auseinanderzuschieben.

◄◄ Stratocumulus vor Kalifornien

Stratocumulus-Wolken können sehr schnell über den Ozeanen entstehen. Sie spielen eine wesentliche Rolle in der Energiebilanz der Erde, weil sie einen großen Anteil der Sonnenstrahlung wieder in das All reflektieren. Diese riesige Wolkenbank liegt dicht vor der kalifornischen Küste, sie ist sozusagen über der kühlen Meeresoberfläche verankert. Sie kann nicht weiter Richtung Land vorrücken, weil die höheren Temperaturen dort zu ihrer Auflösung führen. Auf diesem Bild, das im März 2002 aufgenommenen wurde, zeigt sich im *San Joaquin Valley* schon der Frühling (grüne Fläche links oben im Bild), während in der Sierra Nevada stellenweise noch Schnee liegt.

◄ Kondensstreifen über Tansania

Dieses Bild zeigt einen Ausschnitt von Ostafrika, vom Norden Mosambiks und Tansanias bis zur kenianischen Grenze. In großen Höhen schweben über dem Indischen Ozean Cirrus-Wolken und Kondensstreifen von Flugzeugen, die sich auflösen. Am oberen Rand des Bildes taucht die Serengeti unter einem großen Feld gestreifter Wolkenlinien (womöglich Wolkenstraßen) auf. Landeinwärts (unterste linke Ecke) ist der Malawisee zu sehen, der eine weitere Ländergrenze markiert.

◄ Kondensstreifen

Ein Netz aus Kondensstreifen ist zwischen dem südöstlichen England und dem europäischen Kontinent gespannt und kennzeichnet eines der Probleme, die durch moderne Düsenflugzeuge ausgelöst werden. Diese bekannten Streifen aus Eiskristallwolken, die der Flugroute der Maschinen folgen, entstehen in großer Höhe. Sie sind anfänglich schmal und weiten sich später zu einer Schicht von Cirrus-Wolken aus (siehe Kapitel 7). Der zunehmende Luftverkehr erhöht die Zahl solcher »Kondensstreifen-Wolken«, die einen zusätzlichen Beitrag zur Erderwärmung leisten.

Kondensstreifen über der Bretagne ►

Dieses Bild zeigt ein ähnliches Kondensstreifen-Muster. Es wurde durch die Flugzeuge, die in Südostengland und Frankreich gestartet sind, verursacht. Viele der Kondensstreifen haben sich auf diesem Bild bereits deutlich ausgeweitet, nachdem die Flugzeuge schon eine ganze Weile vor Aufnahme des Bildes weitergeflogen waren.

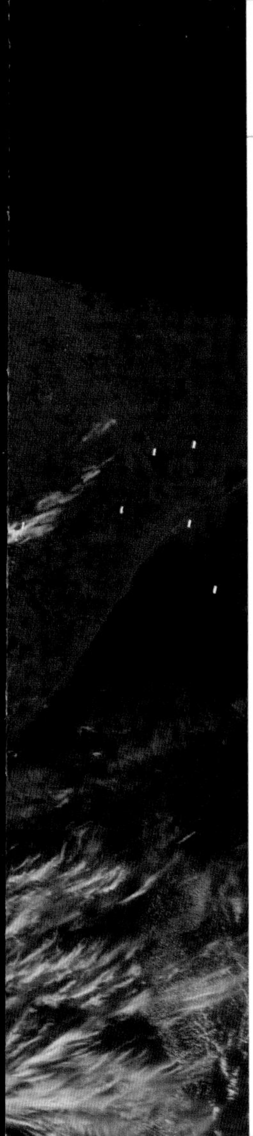

◄◄ Konvektiver Schneesturm in Lesotho

Lesotho ist ein kleines Land im südlichen Afrika. Bei Afrika denkt man üblicherweise nicht an Schnee, aber dieses Bild beweist, dass Haufen- und Gewitterwolken, die durch Konvektion entstehen, durchaus auch hier auftreten. Auf den Drakensbergen von Lesotho hat dieser Wintersturm über einen Meter Schnee hinterlassen. Mindestens 22 Menschen kamen dabei ums Leben, und das Land verwandelte sich in ein Katastrophengebiet. Damit Sie eine Vorstellung von dem Ausmaß des Sturmes haben, vergleichen Sie den Küstenverlauf des südlichen Afrikas im linken und rechten Randbereich des Bildes.

◄ Gewitter über Brasilien

Diese erstaunliche Aufnahme wurde bereits im Februar 1984 von einem Astronauten des Space Shuttle aufgenommen. Sie zeigt einige ausgeprägte Gewitterzellen nahe dem Panamafluss in Südbrasilien. Sie geben einen Eindruck von der Naturgewalt solcher Konvektionen, die Gewitterstürme aus den bodennahen Wolken (in der Bildmitte) entstehen lassen. Das Bild zeigt auch die ambossförmige Oberseite der Gewitterwolken, die sich in alle Richtungen ausbreitet.

◄ Wolkenstraßen entlang der Alaska-Halbinsel

In diesem Bild zeigt sich die kalte Variante der Wolkenstraßen, im Unterschied zu der Aufnahme aus Mosambik (auf Seite 44). Der Entstehungsprozess ist der gleiche: Kalte Luft fließt kontinuierlich über das wärmere Meer, wird von unten erwärmt und strömt dabei weiter. Die Abfolge des wendelartig rotierenden Luftstroms erzeugt die wechselweise wolkigen und wolkenfreien Streifen oder Straßen, die ein abwechslungsreiches Netz über dem Golf von Alaska weben.

Wolkenstraßen über dem Beringmeer – wie mit dem Rechen gezogen ►

Reihen schmaler Cumulus-Wolken ziehen sich von den Rändern des Meereises über das Beringmeer und erinnern an mit einem Rechen gezogene Streifen in einem japanischen Garten. Unter der Eisdecke verborgen, ein wenig außerhalb der oberen Begrenzung des Bildes liegt St. Mathew Island, der entlegenste Teil Alaskas, etwa 320 km vom Festland entfernt. Diese Insel ist für die Entstehung der zerbrochenen Eisschollen verantwortlich, die im Bild von oben Mitte bis unten rechts verlaufen.

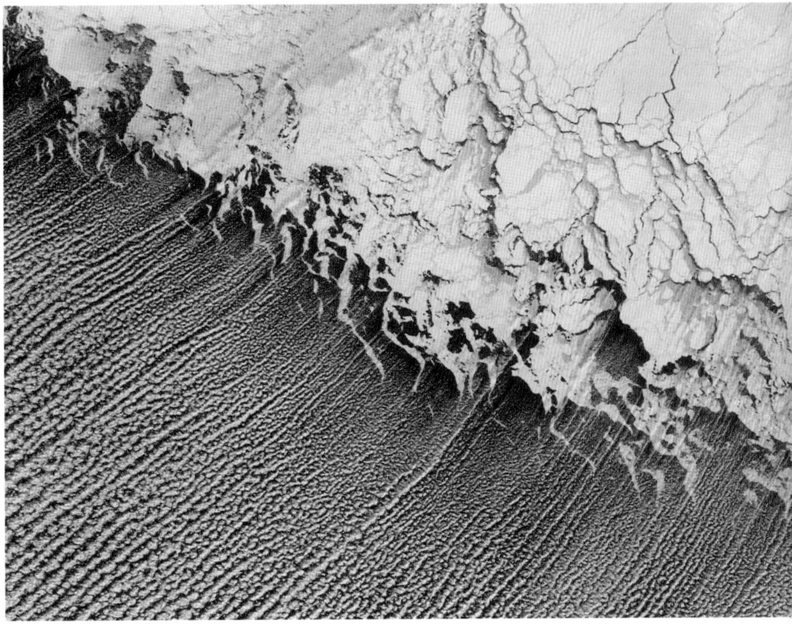

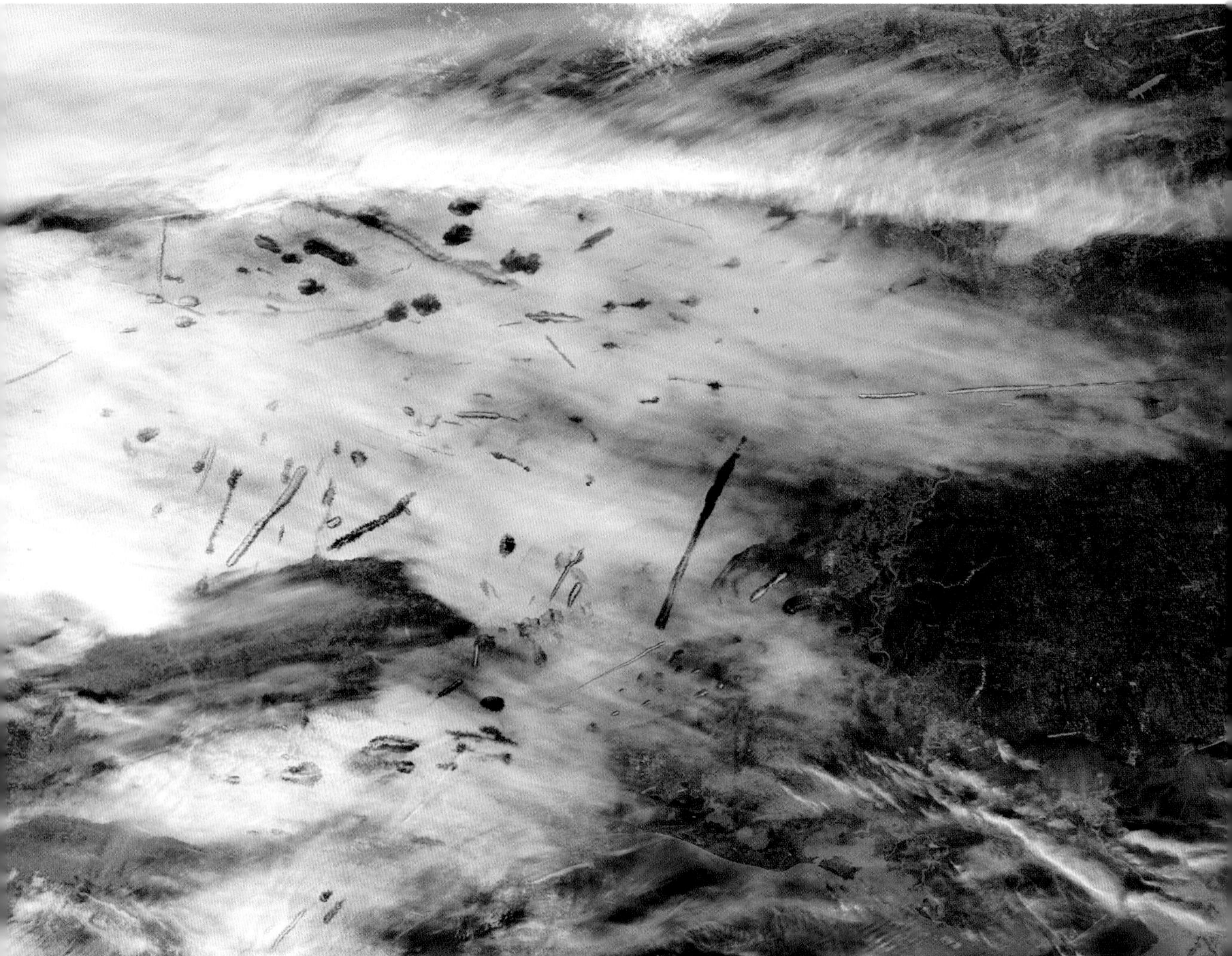

◄ Texas als »Lochstanze« einer Wolkendecke

Der 29. Januar 2007 brachte diese ungewöhnliche Sicht auf Löcher in der Wolkendecke, die wie durch diese gestanzt erscheinen. Auf dem Satellitenbild sind runde und längliche Löcher zu erkennen, alle in eine Stratusdecke »hineingeschnitten«. Diese Wolkendecke bestand aus unterkühlten Wassertröpfchen, die flüssig blieben, obwohl die Temperatur den in Wolken üblichen Gefrierpunkt deutlich unterschritten hatte. Flugzeuge, die, vom Flughafen Dallas-Fort Worth kommend, durch die Wolkendecke oder über ihr flogen, brachten Abgaspartikel in die Luft, die die unterkühlten Tropfen bei Kontakt sofort zum Gefrieren brachten. Die größeren Eiskristalle fielen aus der Wolkendecke heraus und ließen nur die kleinsten Partikel zurück – so entstanden die Löcher in der Wolkendecke.

Offene Wolkenzellen über den Bahamas ►

Offene Wolkenzellen treten häufig hinter Tiefdruckgebieten der mittleren Breiten auf. Auf der Nordhalbkugel strömt in ein Tief mit seiner typischen Rotationsbewegung gegen den Uhrzeigersinn, auf seiner Rückseite Kaltluft aus dem Norden und auf seiner Vorderseite Warmluft aus dem Süden ein. Dieser mesoskalige Vorgang wird Advektion genannt. Wenn Kaltluftadvektion über wärmerem Wasser stattfindet, bilden sich häufig offene Wolkenzellen. Dieses Bild vom Februar 2002 hat diese offenen Cumulus-Wolkenzellen, die aussehen wie dicke Wollfäden, eingefangen.

◄ Hexagonale Wolkenzellen über dem Südatlantik

Diese beeindruckenden scharfkantigen Wolkenfelder in nahezu hexagonaler Form erinnern eher an riesige Eisschollen als an Wolken. Sie sind die Folge lebhafter Konvektion und erzeugen sogenannte Rayleigh-Binard-Konvektionszellen. Diese entstehen, wenn Luftmassen sehr schnell aufsteigen. Wenn sie also entweder vom Boden her aufgeheizt werden oder wenn, wie in diesem Fall, in einer höheren Luftschicht eine Abkühlung stattfindet. Die geschlossenen Zellen bilden sich dort, wo die Luft schnell aufsteigt, während die wolkenfreien Rinnen dort entstehen, wo kalte Luft absinkt. Das ungewöhnliche Muster ist schlicht das Resultat der physikalischen Prozesse.

Bizarre Wolken über dem Ostpazifik ►

Eine bizarre Abfolge von drei unterschiedlichen Wolkenmustern ganz dicht nebeneinander ist auf dem Bild des Terra-Satelliten der NASA vom 18. Dezember 2002 zu sehen. Dichte Rayleigh-Binard-Konvektionszellen im oberen Bildabschnitt zeigen ihre typische eckige Form, vor allem im Westen (links). In der Mitte des Bildes befinden sich actinoforme Konvektionszellen. Die Bezeichnung stammt vom griechischen Wort für Strahl, die Form ähnelt einer Kombination aus Wirbelsäule und Federboa. Das Band aus geschlossenen Konvektionszellen unten sieht aus wie eine Explosion von Baumwollknäueln.

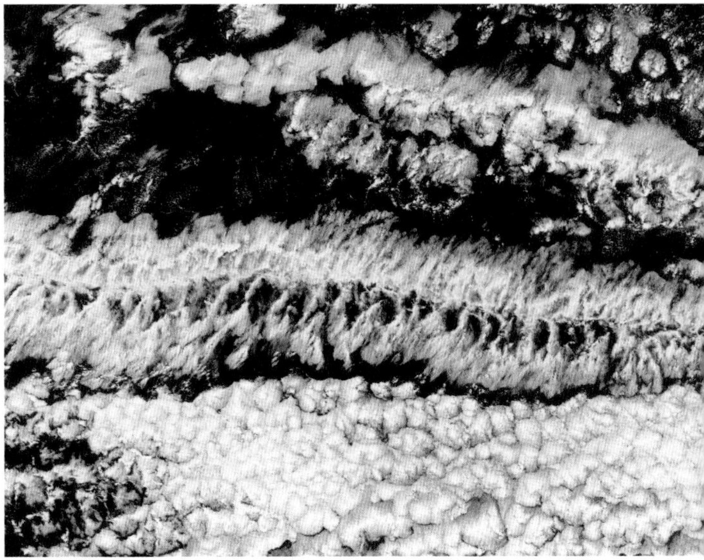

◄ Wolkenwellen über Irland

Interessante Muster entstehen, wenn die Luft ausgedehnte, hohe Hindernisse überströmt. Diese Echtfarbenaufnahme vom Dezember 2003 bietet einen großartigen Blick auf Wolkenriffelungen über den Britischen Inseln, die sich von Schottland bis Südirland erstrecken. Sie haben sich über den Gebirgen Schottlands und Irlands gebildet. Während der Wind über die Gebirgszüge weht, beginnt sich die Luft wellenförmig zu bewegen. Die Luft kühlt in der Aufwärtsbewegung ab und bildet Wolken, in der Abwärtsbewegung erwärmt sie sich, und die Wolken lösen sich auf. Auf diese Weise entstehen abwechselnd wolkige und wolkenfreie Bänder, die aussehen wie die Riffelungen im Flachwasser eines Sandstrands.

Schwerewellen vor Australien ►

Zwei spektakuläre Wellenmuster breiten sich über dem Indischen Ozean aus, eines am Himmel, das andere über dem Meer. Im oberen Teil der linken Bildhälfte befinden sich offene Konvektionszellen, aber auch mehrere überlagerte Bänder von Wolkenbogen. Sie werden als Schwerewellen bezeichnet und entstehen, wenn eine physikalisch homogene Luftschicht über ein Hindernis, wie eine Insel oder einen Berg, fließt. In diesem Fall sind es Störungen in verschiedenen Luftschichten, die zur Bildung des Musters aus Schwerewellen führen.

Robinson Crusoe mit Von Kármán'scher-Wirbelstraße ➤

Hohe Hindernisse im Windstrom können große Wirbel erzeugen. Wenn der Himmel dabei bewölkt ist, können sich die Wirbel in eindrucksvoller Form abzeichnen. Diese Serie von Wolkenwirbeln ist im Luftstrom hinter der Insel Alexander Selkirk entstanden – etwa 160 km westlich der Robinson Crusoe Insel. Diese Insel gehört zu den Juan Fernández Inseln, weit vor der chilenischen Küste. Die Insel hat einen Durchmesser von etwa 1,5 km und erhebt sich 1600 m in eine Schicht von Stratocumulus-Wolken. Ein gleichmäßiger Passatwind erzeugt Wirbelbewegungen: im Uhrzeigersinn hinter der Ostseite und gegen den Uhrzeigersinn hinter der Westseite der Insel. Die Wirbel bestehen noch Hunderte von Kilometern im Lee der Insel weiter.

»Schnüre« aus Luftwirbeln ➤➤

Diese beiden Bilder zeigen eine deutlich feinere Ausprägung des Musters als die linke Aufnahme. Die linienhafte Wirbelform wurde in einer wesentlich dünneren Wolkenschicht durch die 1050 m hohe mexikanische Pazifikinsel Socorro hervorgerufen. Die kleinräumige schmale Linie aus Wirbeln im Osten (rechts im rechten Bild) entstand hinter der kleinen Nachbarinsel Isla San Benedicto. Um einen Eindruck von der Größenordnung dieses interessanten Phänomens zu geben: Die beiden Wirbelstraßen erstrecken sich über eine Länge von etwa 350 km.

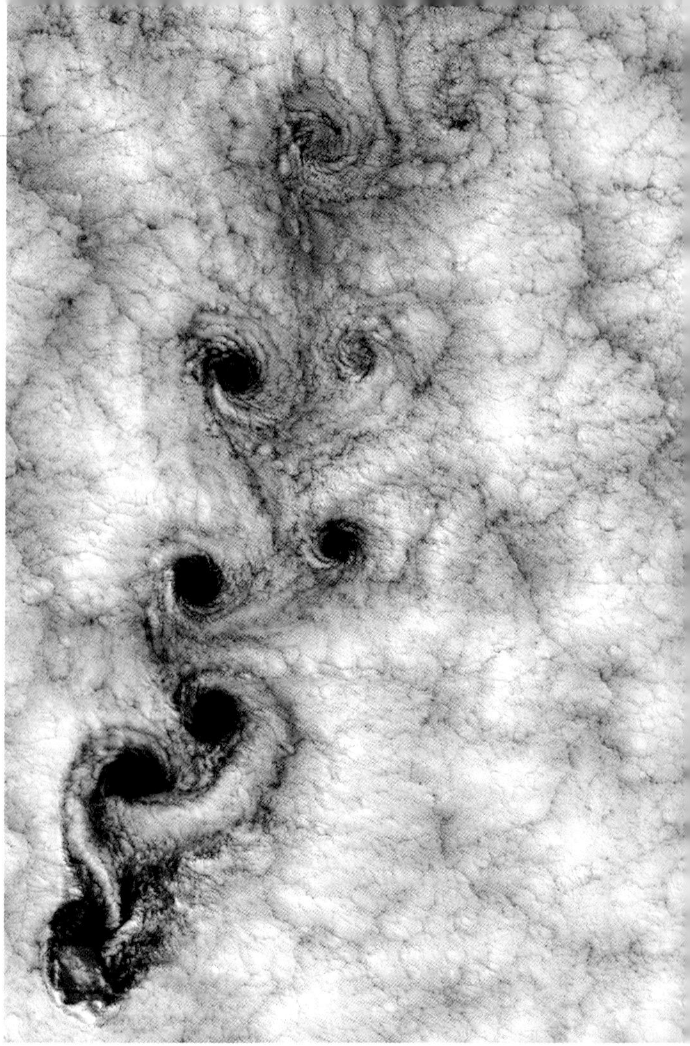

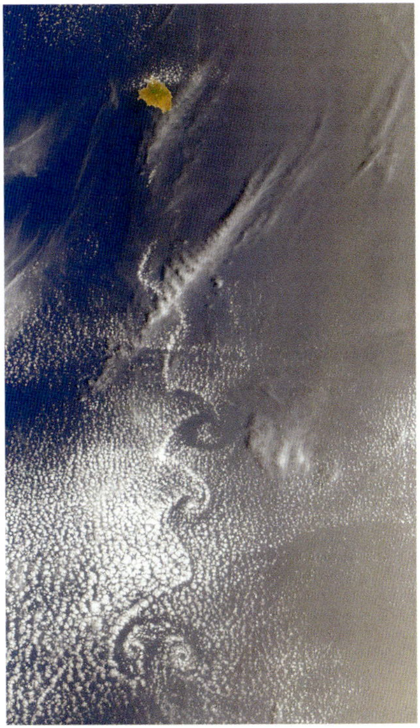

◄ Ein erstaunlicher Blick auf Südgeorgien

Südgeorgien (South Georgia) liegt im Südatlantik, etwa 2750 km westlich von der Südspitze Argentiniens entfernt. Die 160 km lange Insel ist auf diesem bemerkenswerten Foto ganz mit Schnee bedeckt. Sie wurde am 8. August 2002 vom Terra-Satelliten der NASA aufgenommen. Von der Insel geht ein großes Wolkenfeld mit Stratocumulus-Wolken aus, das an der Nordostseite der Insel beginnt, während dünne Cumulus-Wolken in großem Abstand die Insel umgeben. Im oberen linken Bereich des Bildes sind offene Wolkenzellen zu erkennen.

Bugwellen an hohen Inseln ►

Die elf vulkanischen Sandwichinseln liegen im Südatlantik, etwa 800 km östlich von Südgeorgien. Ihre hohen Gipfel lassen »Bugwellen« in einer dünnen Schicht aus Stratocumulus-Wolken entstehen, als wäre es ein Bild von Schiffen, die durch einen stillen See fahren. Je höher der Gipfel, desto größer die »Schleppe«.

Wirbelschleppen an den Kurilen in Russland ➤

Die Halbinsel Kamtschatka liegt im fernen Osten Russlands. Auf dem Bild vom Juli 2004 ist sie fast ganz mit Wolken bedeckt, nur ein Teil der Küstenlinie an der Ostseite ist zu sehen. Weiter südlich brechen die Kurilen-Inseln durch die Wolkendecke, lassen auf der Lee-Seite einige Wolkenwellen entstehen und bieten zugleich einen Blick auf die grünen Gipfel der Berge.

Eine Wolke wie ein seltsamer Fisch im Rossmeer der Antarktis ➤➤

Ist es eine Schlange oder ein Fisch? Weder noch. Es ist nur die Sicht auf ein Wolkenfeld von oben. Die graue Wolke in niedriger Höhe ist eine Stratocumulus-Decke, die sich zu einer Fischform gestaltet hat. Das weiße Auge des »Fisches« ist eine große Konvektionswolke, vielleicht eine Gewitterwolke, die ihren Weg durch die niedrige Schicht durchbrochen hat und viel höher in die Atmosphäre hinaufragt als das Stratocumulus-Feld. Durch Abkühlung ist Luft in der Umgebung abgesunken und hat einen dunklen offenen Ring um die Wolke geschaffen, sozusagen die »Iris« des »Auges«.

»Es ist immer noch eine
Herausforderung, vorherzusagen,
wann und wo tropische Wirbelstürme
für Menschen bedrohlich werden.«

3 Stürme und Wirbelstürme

Wenn von Stürmen die Rede ist, sind oft Gewitter gemeint. Diese sind oft recht kleinräumig und auf einzelne Wolken oder Wolkenzusammenschlüsse begrenzt. Über den warmen Meeren der Tropen entstehen jedoch Stürme von viel größerem Ausmaß, die oft viele Gewitterzellen in sich vereinen.

Warme, feuchte Luft steigt von der bodennahen Luftschicht über der Meeresoberfläche auf und bildet ausgeprägte große Tiefdruckwirbel: die tropischen Wirbelstürme. Im Atlantik werden sie ab einer bestimmten Größe Hurrikan, im Pazifik meist Taifun genannt. Im Indischen Ozean werden sie als Zyklon bezeichnet. Das charakteristische Muster sind große rotierende Wolkenmassen, sintflutartige Regenfälle und außerordentlich hohe Windgeschwindigkeiten. Interessanterweise haben Wirbelstürme in ihrem Zentrum ein windstilles wolkenloses Auge.

Sobald sich tropische Wirbelstürme gebildet haben, verstärken sie sich in dramatischer Weise innerhalb von wenigen Tagen. Über Land schwächen sie sich dagegen bald wieder ab. Es ist schwierig, die genaue Zugbahn und Zuggeschwindigkeit vorherzusagen, und es ist eine ständige Herausforderung abzuschätzen, wann und wo tropische Wirbelstürme für Menschen bedrohlich werden. Deshalb ist die Verbesserung der Vorhersagemethoden ein beständiger Gegenstand der Forschung. Bilder von Hurrikanen, Zyklonen und Taifunen werden in dem folgenden Kapitel gezeigt.

Tropische Wirbelstürme

◄ Der Zyklon »Cyprien«

Der Zyklon »Cyprien«, hier in einer Aufnahme vom 1. Januar 2002, brachte große Regenmengen von 10–18 cm im Süden Madagaskars. Der Zyklon zog langsam Richtung afrikanische Ostküste.

Zyklon »Dina« ►

Am 21. Januar 2002 fing dieses Bild den Zyklon »Dina« nordöstlich der Inseln Mauritius und Réunion ein. Das Zentrum des Sturmwirbels ist an dem Auge erkennbar, in dem der Wind meist schwach und der Himmel wolkenlos ist. In diesem Stadium hatte »Dina« bereits Windgeschwindigkeiten von im Mittel 220 km/h (119 kn) erreicht, in Böen sogar von 260 km/h (141 kn).

Supertaifun »Podul« ►►

Ein Supertaifun zeichnet sich durch Windgeschwindigkeiten von mindestens 240 km/h (130 kn) aus. Das Bild des Supertaifuns »Podul«, östlich der Marianen im Westpazifik, entstand als der Mittelwind extreme 270 km/h (146 kn) und in Böen sogar 306 km/h (165 kn) erreichte. Es war einer der schwersten Stürme der Saison.

Tiefdrucksysteme

◄ Serie tropischer Zyklonen im Indischen Ozean

Diese Serie von vier tropischen Wirbelstürmen im südlichen Indischen Ozean wurde am 11. und 12. Februar 2003 aufgenommen. Ihre Namen sind (von links) »Gerry«, »Hape«, »18S« und »Flora«. Diese Abbildung ist eine Komposit-Aufnahme aus vier Einzelaufnahmen von abwechselnden Überflügen der Satelliten Terra und Aqua. Umlaufende Satelliten umrunden die Erde mehrmals täglich. Bei jedem Überflug wird ein anderer Ausschnitt der Erdoberfläche erfasst.

Eine »Maske« aus zwei Tiefdruckwirbeln ►

Bei den beiden Wolkenwirbeln in diesem Bild handelt es sich um zwei Tiefdruckgebiete. Das »Augenpaar« wurde im November 2006 aufgenommen. Es befindet sich im Nordatlantik südwestlich bzw. südöstlich von Island. Die Insel selbst ist als gezackte weiße Fläche in der Mitte der oberen Bildkante zu sehen. Die Wolkenbänder gehören zu Frontensystemen, die spiralförmig in die Tiefdruckzentren hineinlaufen. Die Wolken des größeren Tiefs (rechts) überlagern dabei diejenigen des kleineren (links). Die Südseiten beider Tiefdruckgebiete sind mit einer »Wolkenlandschaft« aus einzelnen Konvektionszellen bedeckt.

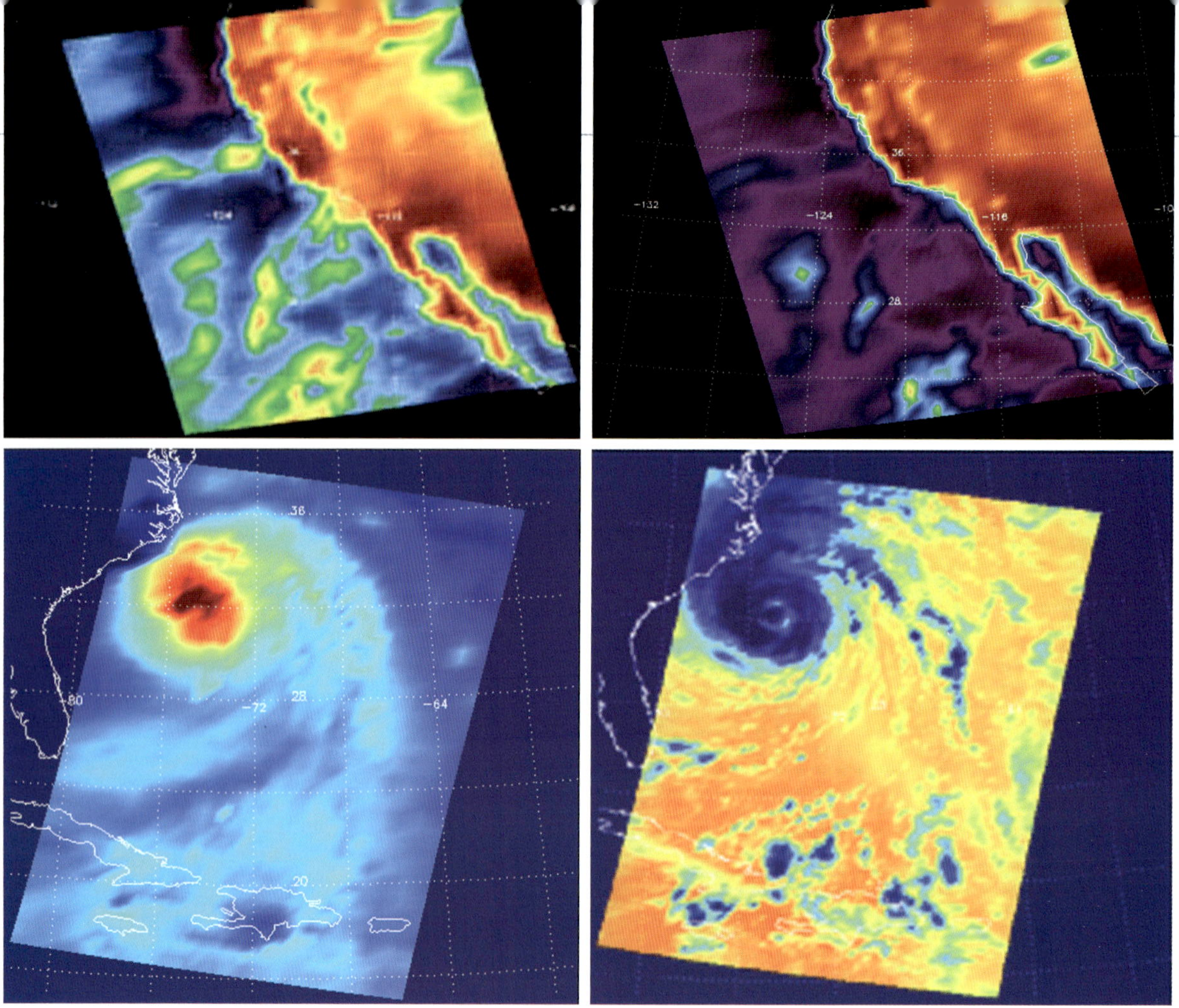
36
-132
-124
-116
28
36
-80
-72
28
-64
20

Sturm-Monitoring

◄ Verschiedene Aufnahmespektren für Satellitenbilder

Mithilfe von Sensoren für Wellenlängen des sichtbaren Lichts, des Infrarots und des Mikrowellenspektrums können Satelliten erstaunliche 3-D-Bilder vom Wetter erzeugen, sogar bei dichter Bewölkung. Die oberen beiden Abbildungen zeigen einen Sturm, der sich Kalifornien nähert. Die linke Abbildung ist eine farbige Wiedergabe von Temperaturaufnahmen (violette Flächen sind kalt, rote warm), das Bild rechts enthält Messungen des Wasserdampfgehalts und der Temperatur der Landoberfläche. Einige dichte Flecken mit hoher Luftfeuchtigkeit und heißer Landoberfläche sind erkennbar. Das untere Bilderpaar zeigt den Hurrikan »Isabel« dicht vor der Südküste der USA. Links ist der Wasserdampfgehalt der Atmosphäre von dunkelrot (sehr feucht) im Auge des Hurrikans bis hellblau in trockeneren Luftmassen im Süden abgebildet, rechts ist die Temperatur an der Wolkenobergrenze dargestellt. Blau kennzeichnet sehr hohe und zugleich kalte Wolken.

Die Abbildung zeigt eine gut ausgeprägte Böenfront, die ➤ fast in Nord-Südrichtung verläuft und sich der kalifornischen Küste mit einer großen Wolkenformation im Westen nähert. Beide Wolkenfelder haben niedrige Temperaturen an ihrer Oberseite – erkennbar an den blauen/violetten Bereichen – und enthalten wahrscheinlich große Regenmengen.

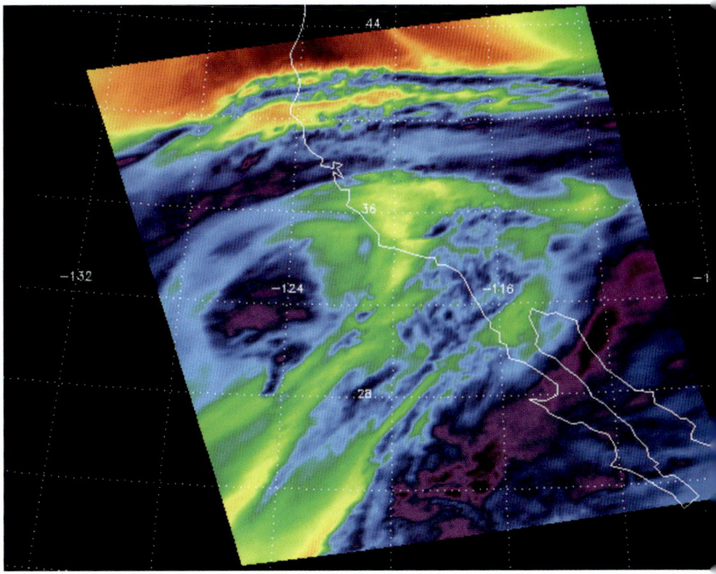

◄ Zwei Bilder von Hurrikan »Juliette«

Auf der linken Seite sehen wir ein Echtfarbenbild des Hurrikans »Juliette« vom 26. September 2001. Die vom deutlich erkennbaren Zentrum aus greifenden Spiralarme sind mit mehreren mächtigen Gewitterwolken durchsetzt. Die Farbaufnahme rechts ist eine Darstellung der Wolkenobergrenzen. Die Daten wurden mit mehreren Sensoren aufgenommen und das Bild mithilfe von Computern berechnet. Die höchsten und zugleich dicksten Wolken sind hell orange, die niedrigeren sind grün oder blau gefärbt. Innerhalb des Hurrikan-Auges befinden sich grüne und blaue Flecken.

Monitoring des Hurrikans »Wilma« im Oktober 2005 ►

Der Hurrikan »Wilma« entwickelte sich in der atlantischen Hurrikansaison 2005 sehr schnell und traf auf die Halbinsel Yucatán mit Stufe 4, bevor er später Florida mit Stufe 3 erreichte. Jedes der drei Bilderpaare besteht aus einem Echfarbenbild (jeweils links) und einem Falschfarbenbild für Wolkenobergrenzen (jeweils rechts). Die Bilderfolge zeigt, von links beginnend, den Hurrikan im Entwicklungsstadium, bei Yucatán und schließlich beim Erreichen Floridas. Rot und orange symbolisieren hohe und sehr hohe Wolken, die niedrigen Wolken sind violett. Vergleichen Sie die aufgewölbten grau-weißen Wolkenhaufen auf dem linken Bildpaar mit den entsprechenden roten und orangen Bereichen der Wolkenobergrenzen und die deutlich sichtbaren Augen im mittleren Bildpaar.

Sunday, October 23
0
9
18
height in kilometers
Friday, October 21
0
9
18
height in kilometers
Tuesday, October 18
0
9
18
height in kilometers

Sturmsysteme

◄ Hurrikan »Claudette« von der Internationalen Raumstation aus

Diese beiden Bilder bestehen aus verschiedenen Aufnahmen desselben Hurrikans. »Claudette« entwickelte sich als erster tropischer Sturm der Saison 2003 im Atlantik zum Hurrikan der Kategorie 1. Dieses Bild (links) wurde von einem Astronauten der Internationalen Raumstation (ISS) am 15. Juli aufgenommen, als »Claudette« über das Festland zu ziehen begann und sich dabei abschwächte. Dennoch traten immer noch Windgeschwindigkeiten von 130 km/h (70 kn) auf und hinterließen einen Teil von Texas mit starken Überschwemmungen, darunter auch das Hauptquartier der Astronauten in Houston.

Tropischer Wirbelsturm »Claudette« über Texas und Mexiko ►

Als diese Aufnahme entstand, wurden die Wolken bereits dünner und lockerten auf. Der Sturm war nicht mehr als Hurrikan eingestuft, aber die charakteristische Spiralform blieb noch erhalten. Er befand sich über der Grenzregion »Panhandle« in Texas und Mexiko. In der linken oberen Ecke sind ein paar winzige rote Flecken erkennbar. Sie stammen von Bränden, die kleine Rauchfahnen erzeugen, in New Mexico und Arizona.

◄◄ Tropischer Zyklon »Fay« über Westaustralien

Diese Aufnahme des tropischen Zyklons »Fay«, der am 26. März 2004 die westaustralische Küste entlang zog, zeigt den scharfen Kontrast zwischen weißen Wolken, brauner Landfläche und den hellen küstennahen Flachwassergebieten. Mit Windgeschwindigkeiten von 166 km/h (90 kn) hatte der staatliche australische Wetterdienst »Fay« als schweren tropischen Sturm der Kategorie 4 eingestuft. Die höchste Stufe ist Kategorie 5.

◄ Serie aus drei pazifischen Taifunen

Dieses Satellitenbild zeigt den zwar seltenen, aber keinesfalls einmaligen Fall von drei Wirbelstürmen in derselben Region. Sie hießen »Bopha« (links), »Maria« (oben rechts) und »Saomai« (unten rechts) und wurden etwa zur Mittagszeit am 7. August 2006 aufgenommen. »Bopha« ist auf dem Bild nur wenige Stunden alt und beginnt erst seine rundliche Wirbelform anzunehmen. »Maria« ist bereits einen Tag älter und hat eine deutliche Spiralform mit »Wolkenarmen«. Der noch ältere und stärkere »Saomai« hat bereits eine Andeutung von Augenring.

Globaler Blick auf Hurrikane

Hurrikan »Frances« 2004

◄ Dies ist ein Bild des Wirbelsturms »Frances«, das am 31. August 2004 nach etwa einem Drittel seiner Lebensdauer aufgenommen wurde. Es war ein furchterregender Hurrikan mit mittleren Windgeschwindigkeiten bis 235 km/h (127 kn). Das Auge des Hurrikans zog über die Insel San Salvador und sehr dicht an den Bahamas entlang, während die äußeren Bereiche auf Puerto Rico und die British Virgin Islands trafen. Der Hurrikan erreichte das Festland im mittleren Küstenabschnitt Floridas. Er überquerte den Bundesstaat, hielt sich eine Weile über dem Golf von Mexiko auf, um schließlich ein zweites Mal über Land zu ziehen, diesmal im Florida »Panhandle« (Nordwesten Floridas). Der Gesamtschaden des Hurrikans wurde auf 10 Milliarden US-Dollar geschätzt.

Hurrikan »Linda« 1997 ►

Diese Abbildung ist eine einmalige Komposition aus Wissenschaft, Technik und Kunst vom September/Oktober 1997. Der Zusammenstellung liegen digitale Wetterdaten sowie Land- und Meeresdaten dreier Satelliten zugrunde. Sie zeigt den Hurrikan »Linda« dicht neben der Westküste Nordamerikas.

»In manchen Teilen der Erde verursacht die Verbrennung fossiler Rohstoffe so starke atmosphärische Verunreinigungen, dass sie vom All aus sichtbar sind.«

4 Klimawandel

Die meisten Wissenschaftler gehen heute davon aus, dass genügend Beweise existieren, die einen globalen Klimawandel belegen. Die meisten Forscher sind auch der Ansicht, dass der Mensch dafür verantwortlich ist. Die wesentliche Auswirkung des Klimawandels ist eine globale Erwärmung, die sich auf unterschiedliche Weise äußert. Vom All aus beobachtet, treten sowohl Ursachen als auch Folgen zunehmend sichtbar hervor.
Viele von uns werden an einem schönen Tag den Eindruck haben, dass die Atemluft klar und sauber ist. Einige der Abbildungen dieses Kapitels zeigen jedoch das Gegenteil. In manchen Teilen der Erde verursacht die Verbrennung fossiler Rohstoffe eine so starke Luftverschmutzung, dass sie vom All aus sichtbar ist.
Wenn wir in einer besiedelten Region der Welt mit reichlich Wasser und Nahrung leben, können wir schnell dem Glauben verfallen, dass alle Menschen einen ähnlichen Lebensstandard haben. Das ist aber nicht der Fall. Die Bilder zeigen, dass auf der Erde ganz unterschiedliche Bedingungen herrschen: unterschiedliche Bedingungen der Wasserversorgung im jahreszeitlichem Wechsel, Zunahme der Wüstenfläche und Sandverlagerung, wechselhafte Ernten und weiträumige Überschwemmungen durch überdurchschnittliche Regenmengen.
Bedeutet ein wärmerer Planet weniger Eis und Schnee? – Ja. Fotos belegen das Abschmelzen der Gletscher, dünner und kleinräumiger werdende Treibeisflächen und schließlich den Meeresspiegelanstieg als gravierende Folgen der Klimaveränderungen.

Der Oberrand der Atmosphäre

Dieser Blick eines Astronauten stammt vom 20. Juli 2006. Er zeigt den sonst nicht beobachtbaren Übergang zwischen der Erdatmosphäre und dem Weltall. Über der Wolkendecke liegt eine Art blauer Halo, denn die blauen Wellenlängen werden stärker gestreut als die anderen Bereiche des sichtbaren Spektrums. Es ist derselbe Effekt, der bei wolkenlosem Himmel tagsüber für die blaue Farbe verantwortlich ist. Zwischen Erde und All scheint eine beinahe durchsichtige Mondsichel zu schweben. Es gibt keine scharfe Grenze zwischen Atmosphäre und Weltall, der Übergang wird in etwa 100 km Höhe angenommen. Das ist ungefähr die Höhe, in der die solare Strahlung in die Atmosphäre einzudringen beginnt, und sich das Gleichgewicht zwischen einfallender und abstrahlender Energie einstellt, was wiederum zur Folge hat, dass sich auf der Erde eine bestimmte Durchschnittstemperatur ergibt.

◄ Aerosole über Indien

Auf diesem Bild vom 4. Dezember 2001 liegt eine dicke »Brühe« aus Aerosolpartikeln vor dem Südrand des Himalayas. Sie strömt Richtung Südwesten über Bangladesch, über den Golf von Bengalen, und bildet einen scharfen Kontrast zu der klaren Luft über der tibetanischen Hochebene im Norden. Diese Anreicherung aus verschiedenen Abgasen wirkt sich sowohl auf die Gesundheit der örtlichen Bevölkerung als auch auf regionale Regenmengen und das Klima ganz generell aus. Der Brahmaputra (oben rechts) und der Ganges sind noch zu erkennen, letzterer hat ein reichlich verzweigtes Mündungsnetz, in dem die Sedimente den angrenzenden Bereich des Golfs von Bengalen in ein trübes Braun verwandeln.

Aerosole über dem Gelben Fluss ►►

Eine mächtige Schicht aus Aerosolen überdeckt das Tal des Gelben Flusses in China, hier in einer Aufnahme vom 22. Oktober 2001. Das Flusstal verläuft zunächst östlich (oberer linker Bildrand), dann südlich, bevor es sich wieder nach Osten wendet (unterer Bildrand Mitte) und die Aerosolwolke über die Ebene Richtung Bo Hai Bucht fließt. In der Mitte des Bildes sehen wir hohe Aerosol-Konzentrationen im Fen-Flusstal. Sie stammen von den vielen dort gelegenen Städten. Der Grund für die Beschränkung der Aerosole auf niedrige Lagen in diesem Bild war eine ausgeprägte Temperaturinversion an diesem Tag.

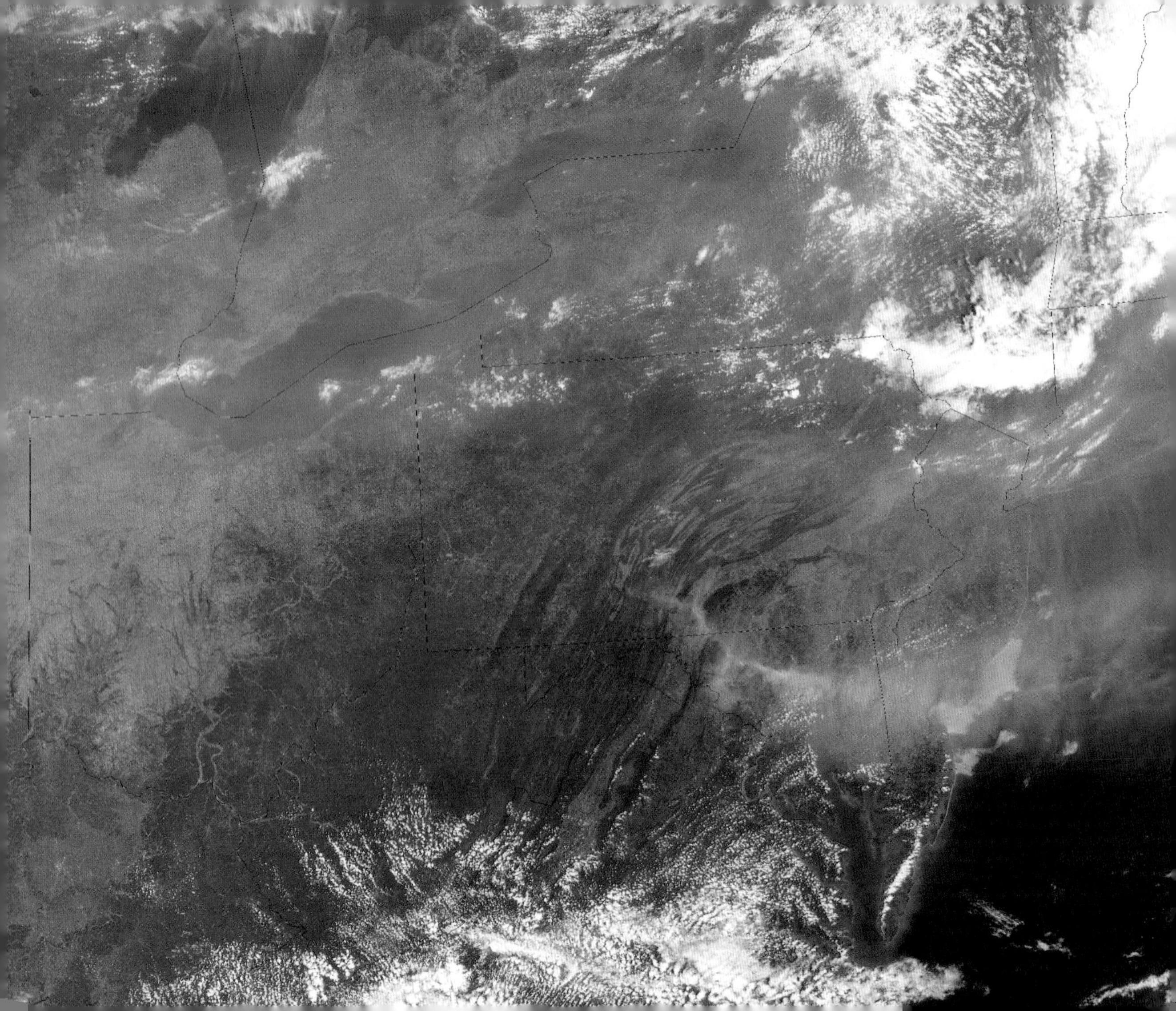

◄◄ Abgase über den Großen Seen und an der Ostküste der USA

Die Luftqualität über den Großen Seen und der mittleren US-Atlantikküste war im späten Juni 2002 nicht gerade optimal. Ein großer Teil der Luftverschmutzung stammte von Waldbränden in den westlichen USA und in den kanadischen Prärieregionen im Norden. Da die generelle Richtung der Luftströmung über dem Kontinent meist von West nach Ost verläuft, kommt es nicht selten vor, dass die Luftqualität an der Ostküste durch Brände im Westen beeinträchtigt wird. Es sind aber auch ein paar winzige rote Punkte in der Mitte des Bildes zu sehen: Brände in den Oststaaten, die für noch mehr Rauch sorgen.

◄ Aerosole über den US-Bundesstaaten der mittleren Atlantikküste

Das ausgedehnte Feld von diesigem Rauch auf dieser Echtfarben-MODIS-Aufnahme ist wahrscheinlich eine Mischung aus Waldbrandrauch aus Virginia sowie North-Carolina und Luftverschmutzung der mittleren US-Atlantikstaaten. Brände sind in Nordamerika im Spätsommer nicht ungewöhnlich, und ein wechselndes Maß an Luftverschmutzung ist in den industrialisierten USA alltäglich. Beides trägt zur Verstärkung des Treibhauseffektes und damit zum Klimawandel bei.

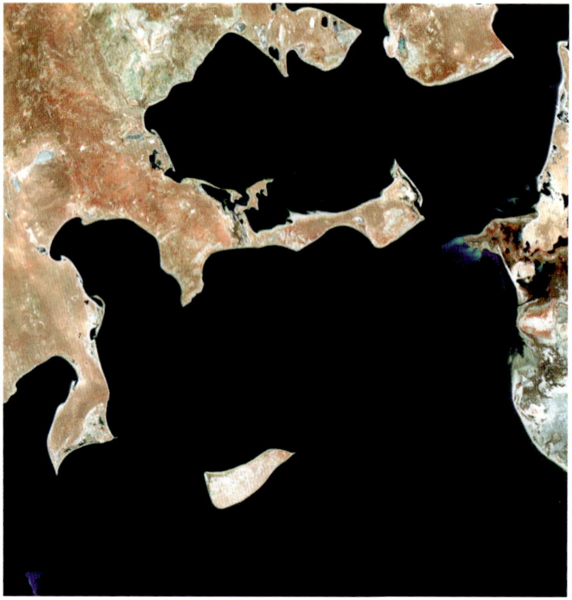

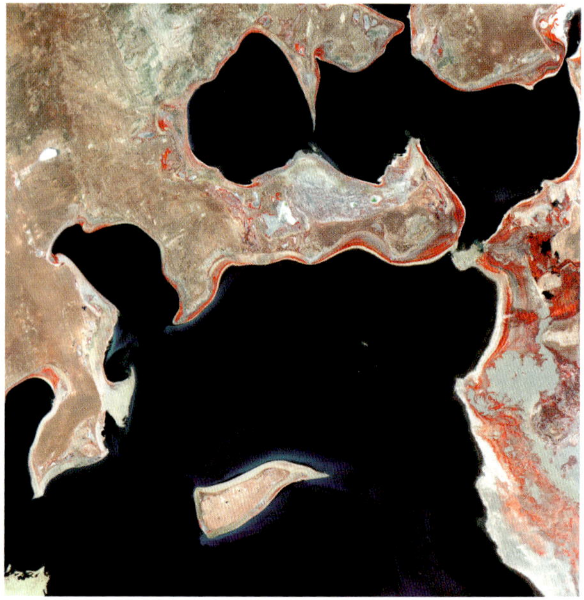

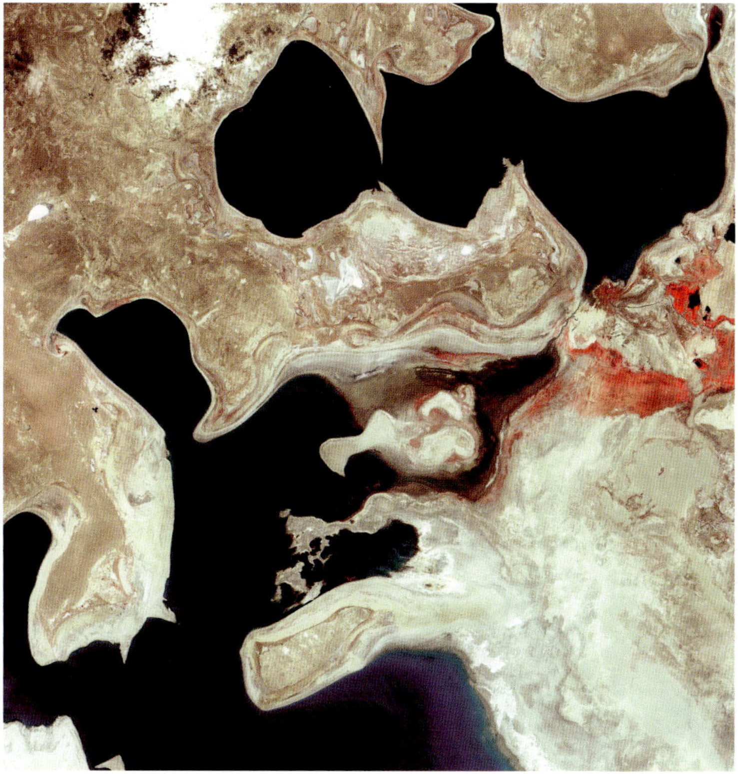

Der schrumpfende Aralsee

Der Aralsee ist (oder war) der größte Binnensee der Welt, ein Süßwassersee. Sein Schrumpfen ist nicht auf den Klimawandel zurückzuführen, sondern auf eine andere umweltwirksame Maßnahme der Menschen: die exzessive Entnahme von Wasser zur Bewässerung von Baumwoll- und Reisfeldern. Von links nach rechts zeigen die Bilder den Aralsee in den Jahren 1973, 1987 und 2000. In diesem Zeitraum sind mehr als 60 Prozent des Wassers (schwarze Flächen) verschwunden. Durch die starke Abnahme der Wasserzufuhr, sind die Konzentrationen von Salz und Mineralien gestiegen, mit der Folge, dass die Fischbestände immer stärker dezimiert wurden, was schließlich zum Niedergang der Fischerei führte. Starke Winde erodieren tonnenweise die oberen Lagen der Böden, die Luft ist mit Staub gefüllt, und die Ernteerträge gehen zurück. Eine nachhaltige Nutzung ist unmöglich, aber die Situation hält nach wie vor an.

◄ Saharastaub bedroht den Tschadsee

Im Südteil der zentralen Sahara peitscht ein Sturm den Sand hoch und transportiert ihn Richtung Süden über den bereits bedrohten Tschadsee (im Bild Mitte links). Gestiegener Wasserbedarf in Verbindung mit verringerten Regenmengen hat die Fläche des Sees erheblich verkleinert. Als kleiner Schatten seiner ursprünglichen Gestalt ist der See in 35 Jahren auf ein Zwanzigstel seiner einstigen Größe geschrumpft.

Der Optimist in der Kalahari in Namibia ►

Eine weitere Abbildung zum Thema Wüstenausbreitung ist diese Aufnahme des Landsat 7 zur Vegetation und Landnutzung. Sie sieht eher aus wie ein modernes Kunstwerk. Die gesunde Vegetation erscheint rot – das ist leider der kleinere Anteil, denn in das einst fruchtbare Land sind inzwischen Dünen eingewandert. Aber dicht über der Bildmitte ist ein roter Punkt: Hier gibt es zumindest einen Farmer, der durch Bewässerung den Anbau trotz der zunehmenden Versandung fortsetzt.

◄ Überschwemmung des Chambeshi in Sambia

Viele Flüsse im südlichen Afrika, einschließlich des Sambesi, sind zu Jahresbeginn 2007 über die Ufer getreten, nachdem die Regenzeit sehr früh und mit ungewöhnlich großen Regenmengen eingesetzt hatte. Diese Aufnahmen von Januar und Februar zeigen den Chambeshi in Sambia, der zu dem großen Stromsystem des Kongoflusses gehört, vor und nach dem Regen. Auf diesen Bildern erscheint das Wasser schwarz, die Vegetation grün und der blanke Boden bräunlich, Wolken sehen wir weiß oder hellblau. Eine kaum sichtbare Flusslinie im Bild oben ist zu einem über 20 km breiten See im Bild unten geworden. Im Osten Sambias waren 23 500 Haushalte von der Flut betroffen.

Überschwemmung in Bangladesch ►

Der Nordosten von Bangladesch verschwand im Juni 2006 unter den Wassermengen des Monsuns. Zur Zeit der Aufnahme, am 21. Juni, waren Hunderte Quadratkilometer, die im Vormonat noch trocken lagen, überschwemmt. Sie sind in der Abbildung schwarz oder dunkelblau, bewachsene Landfläche ist grün und Wolken sind weiß oder hellblau. Die Überschwemmungen forderten neun Menschenleben, machten 10 000 Menschen obdachlos, und über eine Million Menschen waren ohne Verkehrsanbindung. Durch den zu erwarteten Meeresspiegelanstieg sind auch die küstennahen Gebiete im Süden des Landes bedroht.

◄◄ Patagonischer Gletscher in Chile

Der Rückgang der Gletscher ist ein deutliches Anzeichen für die globale Erwärmung. Patagonien ist eine Gebirgsregion entlang der Grenze zwischen Argentinien und Chile, nahe dem südlichen Ende Südamerikas. Diese Darstellung zeigt die Vegetation rot und das Eis strahlend weiß. Die Beobachtung der Gletscher liefert den Wissenschaftlern aussagekräftige Nachweise für die Klimaerwärmung.

◄ Die Pasterze in Österreich

Dieser Alpengletscher im Westen Österreichs ist seit 1856 auf dem Rückzug. Die Ursachen sind geringere winterliche Schneemengen in Verbindung mit höheren sommerlichen Temperaturen. Wo vor zehn Jahren noch Gletschereis war, sind jetzt Steine, Geröll und Schmelzwasser. Im Jahre 2003 war der Gletscherrückgang in der angrenzenden Schweiz sogar schneller als in jedem anderen Jahr seit 1880. Die Schweizer Akademie der Naturwissenschaften führt das Abschmelzen bzw. den Rückgang der Gletscher auf langfristige Klimaänderungen zurück.

◄ Detaillierter Blick auf Treibeis

Schnee und Eis sind nicht nur das Resultat eines bestimmten Klimas, sie gehören auch zu dessen Ursachen. Wenn das Klima zur Erwärmung und zum Abschmelzen des Eises führt, verstärkt der Eisverlust den Vorgang noch zusätzlich. Dieser sogenannte positive Rückkopplungseffekt ist auf Bildern wie diesem vom arktischen Meereis am 16. Juni 2001 zu sehen. Meereis ist weiß und reflektiert die eintreffende Sonnenstrahlung, das arktische Meerwasser ist dagegen sehr dunkel und absorbiert die Strahlungsenergie. Ein wärmeres Klima lässt Schnee und Eis schmelzen, dadurch erhöhen sich der Anteil der Strahlungsabsorption und damit die Wassertemperatur, was die Erwärmung weiter beschleunigt.

Rückzug des Helheim-Gletschers ►

Dieses Bilderpaar zeigt den Rückzug des Helheim-Gletschers in Grönland. Von den 1970er-Jahren bis 2001 hat sich die Lage der Gletscherfront kaum verändert, aber von 2001 bis 2005 ist sie um 7,5 km zurückgewichen. Das können Sie leicht erkennen, wenn Sie die Gletscherkante mit den senkrecht dazu verlaufenden Taleinschnitten vergleichen (oben 2003, unten 2005). Zusätzlich ist die Gletscherdecke von 2001 bis 2003 um 40 m dünner geworden. Die Abnahme der Gletschermächtigkeit ist teilweise dem Abschmelzen geschuldet, aber auch die Fließgeschwindigkeit spielt eine Rolle.

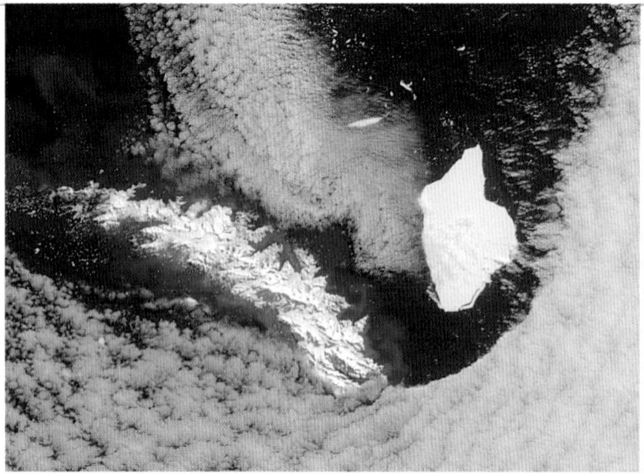

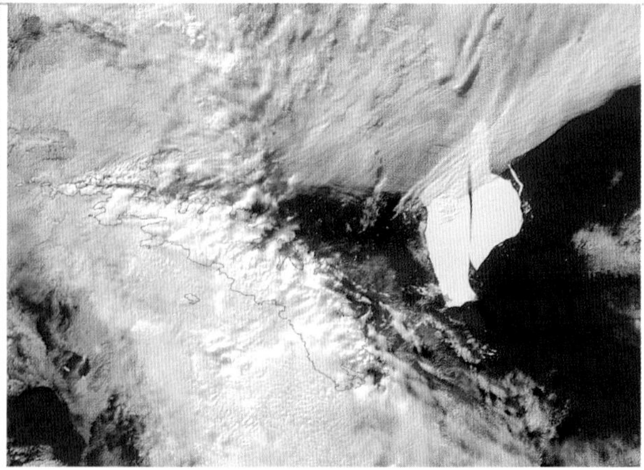

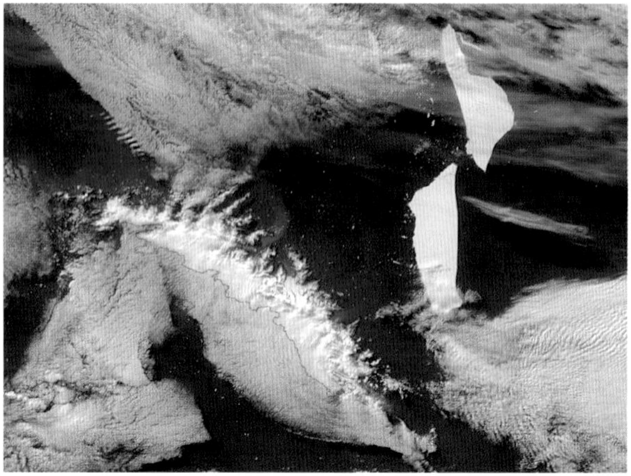

◄◄ Ein Rieseneisberg bricht auseinander

Am 13. Oktober 1998 brach der größte Eisberg des Jahrzehnts vom Ronne-Eisschelf in der Antarktis ab. Von den Wissenschaftlern wurde er als A-38 bezeichnet. Am 22. Oktober brach wiederum ein großes Stück dieses Eisbergs ab und wurde A-38B getauft. Dieser Eisberg trieb etwa 2400 km (1300 sm) nordwärts bis in die Nähe von Südgeorgien im Südatlantik.
Am 12. April 2004 (oben links) war A-38B noch 40 km (22 sm) lang, am 15. April (oben rechts) teilte er sich in zwei Hälften. Am 17. und 18. April war der eine Teil des Eisbergs weiter Richtung Norden gedriftet, während der andere ortsfest zu sein schien. Der driftende Eisberg ist ein weiterer, der komplett schmelzen wird.

◄ Der schmelzende grönländische Eisschild

Jedes Jahr verschwindet etwas von dem grönländischen Eisschild, aber der September 2002 war ein »Schmelz-monat« mit Rekordausmaß. Der Abschmelzvorgang ist komplex: Normalerweise sammelt sich Schmelzwasser an den Oberflächen und sickert durch das Eis bis es den Boden erreicht. Die Eismassen fließen dadurch schneller, was den Gletscherrückzug weiter beschleunigt. Auf dieser Aufnahme ist eine ungewöhnlich große braune Landfläche zu sehen.

Teil II Wetter von unten

Wir begeben uns jetzt vom All hinunter auf die Erde. Die meisten Bilder in diesem zweiten Teil des *Bilderbuchs Wetter* sind vom Erdboden aus aufgenommen, mit Blick zum Himmel. Manche Wetterereignisse lassen sich schnell beobachten, andere sind sehr selten. Einige sind nur andeutungsweise zu erkennen und leicht vergänglich, andere auffallend prächtig und strahlend. Von Wolken über Regenbogen bis hin zu Blitzen: Hier sind einige der schönsten und bizarrsten Phänomene dokumentiert.

»Niedrige Wolken bestehen größtenteils aus Wassertropfen – Milliarden von Wassertropfen.«

5 Niedrige Wolken

Die Meteorologen teilen die Wolken in drei verschiedene Höhenlagen ein: niedrig, mittelhoch und hoch. Niedrige Wolken haben ihre Basis, die Wolkenuntergrenze, bis zu einer Höhe von 2000 m über dem Boden. Sie treten vorzugsweise in drei Formen auf: als Haufenwolken, bekannt als Cumulus oder Cumulonimbus; als zusammenhängende Schicht aus Einzelwolken, Stratocumulus genannt; und als klassische Schichtwolken: Stratus. Das klingt zunächst recht unspektakulär, aber Wolken sind von der beeindruckenden Gewitterwolke bis zum nebeligen Stratus, den jeder Bergwanderer kennt, sehr unterschiedlich in ihrer Ausprägung.

Niedrige Wolken bestehen größtenteils aus Wassertropfen – Milliarden von Wassertropfen. Sie bilden sich aus dem Wasserdampf, wenn Luft sich abkühlt, meist nachdem diese stärker angehoben wurde. Dieser Vorgang kann durch Erwärmung von unten ausgelöst werden, so entstehen die Cumulus-Wolken. Oder die Luft wird gezwungen, sich zu heben, beispielsweise über einen Gebirgszug oder über eine große kalte Luftschicht, so entstehen großräumige Wolkenschichten.

Solche Beschreibungen können die Schönheit der Wolkengebilde natürlich nicht ausdrücken. Deshalb wollen wir in diesem Kapitel eine große Spannbreite an Wolkentypen mit Beispielbildern aus der ganzen Welt betrachten.

Cumulonimbus

Der klassische Amboss ➤

Ein Amboss bildete sich hier genau in der Zeit, als ein starker Wind die Wolke in der Höhe erfasste und sie verschob. Diese Wolke könnte Ihnen auf dem ersten Blick vielleicht nicht besonders groß erscheinen. Aber wenn Sie bedenken, dass sie über den hohen Bergen entstanden ist, können Sie diese Einschätzung vielleicht noch einmal überdenken. Die Aufnahme entstand in French (New Mexico) und zeigt eine recht hohe Wolkenuntergrenze, was auf trockene Luft in den unteren Luftschichten hinweist. Der Amboss besteht immer noch überwiegend aus Wassertröpfchen. Da die Wolke oben durch den Wind verschoben wird, tritt der Amboss besonders prominent hervor.

➤ Cumulonimbus in Kansas

Diese Cumulonimbus-Wolke wurde in Goodland (Kansas) fotografiert. Hier fehlt die Kraft, die eine Wolkenbildung weiter antreibt, denn es ist schon spät am Tag und die wärmende Wirkung der Sonne schwächt sich ab. Die Wolke wird sich wohl nicht mehr zu einem stürmischen Gewitter entwickeln.

➤ »Rote Segel« im Abendlicht

Eine von der Abendsonne beleuchtete Gewitterwolke bei Beadnell (Northumberland; Großbritannien). Die Wolke ist weit weg, und ihre Obergrenze liegt vergleichsweise niedrig. Das ist eher typisch für ein winterliches als für ein sommerliches Gewitter. Sie ist wahrscheinlich in kalter labiler Luft entstanden, die aus Norden kam. Das wärmere Wasser diente als Wärmequelle für die Entstehung der Wolke.

Eine Schönheit in Borneo ➤

Das Foto wurde in Sabah (Borneo) aufgenommen. Die markanten Farbtöne verraten die Tageszeit, die sich dem Sonnenuntergang nähert. Der Himmel dunkelt die Wolke mehr und mehr ab, während die verbleibenden Sonnenstrahlen in lebhaftem Gold und Gelb die Wolkenkrone anstrahlen. Sobald die Sonne untergeht, verlieren die Wolken ihre Energiequelle, die sie antreibt, und sie fallen mehr und mehr in sich zusammen. Diese Wolke ist dabei, sich aufzulösen.

◄ Geburt eines Sturms

Wenn der Amboss einer Gewitterwolke sich auszubilden beginnt, ist die aufsteigende Strömung der quellenden Wolken fast spürbar, wie bei dieser Cumulonimbus-Wolke in Goodland (Kansas). Der Aufwärtsstrom hat die Wolke in eine Höhe gebracht, wo die Wassertropfen gefrieren. Sie können den Unterschied in der Beschaffenheit zwischen der unteren Blumenkohlform und der höheren faserigen Struktur deutlich sehen. Diese Wolke wird voraussichtlich einen Amboss entwickeln und sich zu einem Gewitter ausbilden.

Texas-»Kessel« ►

Diese »brodelnd« aufquellende Wolke wurde in Throckmorton (Texas) aufgenommen. Die weiße Cumulonimbus-Wolke in der Mitte steht im Fokus. Sie ist sicher aus einem starken Aufwind entstanden, denn darauf deuten die dunklen Wolken in der Umgebung hin. An diesem stürmischen Tag war die Atmosphäre richtig im Aufruhr.

◄ »Zwillingsgipfel«

Die beiden Gipfel dieser Wolke deuten auf eine starke Wärmequelle am Boden hin, die das Gipfelpaar weit über das übrige Wolkenniveau hinaus gehoben hat. Es könnte der Südhang eines Berges oder ein felsiger Grund gewesen sein. In jedem Fall ist eine hohe schmale Wolkensäule mit zwei »Wolkenköpfen« entstanden. Es sieht so aus, als wäre der linke Wolkengipfel ein Stück nach Lee gedriftet, aus dem Auftriebsgebiet heraus, sodass ein zweiter Gipfel sich daneben bilden konnte. Das Foto stammt aus Harper County in Texas.

Mehrzellige Gewitterwolke ►

Es sind gleich mehrere Gewitterzellen, die auf diesem Foto aus Dimmitt in Texas empor quellen. Im Vordergrund ist eine neue Zelle entstanden, die in Zusammenhang mit Abwinden der weiter hinten liegenden Hauptwolke steht. Der kräftige Aufwind reicht bis an die Tropopause – die Obergrenze der Troposphäre, also der Atmosphärenschicht, in der sich fast das gesamte Wettergeschehen abspielt. In der Nähe der Tropopause breitet sich die Luft in alle Richtungen horizontal aus, kühlt sich ab und weht schließlich Richtung Boden herab. Und genau dieser Abwind ist es oft, der die Bildung weiterer Wolkenzellen oder sogar Tornados antreibt.

◄◄ Straße ins Unwetter

Eine schwarz asphaltierte Straße teilt die Farmlandschaft in South Dakota und führt direkt zum Starkregen im Zentrum der Cumulonimbus-Wolke. An der Unterseite der Hauptwolke sind Mamma- oder Mammatus-Wolken verschiedener Größe zu sehen. Man hat sie wegen ihrer brustähnlichen Form so genannt. Sie deuten auf starke Auf- und Abwinde innerhalb der Gewitterwolke hin.

◄ Superzelle in Oklahoma

Dieses bemerkenswerte Foto einer Cumulonimbus-Wolke über Woodward (Oklahoma) ergibt sich durch den Kontrast zwischen dem leuchtenden Abendlicht der tief stehenden Sonne und der mächtigen, bereits in Dunkelheit gehüllten Wolke. Es ist höchstwahrscheinlich eine Superzelle, die einen durchgehenden einzelnen, rotierenden Aufwindkern (eine Mesozyklone) enthält. Solche Gewitterwolken erzeugen hohe Windgeschwindigkeiten, große Hagelkörner und Tornados. Auch wenn kein Amboss sichtbar ist, ist davon auszugehen, dass die Wolke in große Höhen reicht, bis in etwa 12 000 m. Der untere Teil der Wolke (nach rechts hin) ist eine Mauerwolke (wall cloud), die oft bei Superzellen zu finden ist.

Cumulus

Cumulus-Wolkenturm ➤

Diese Art großer Cumulus-Wolken wird Cumulus congestus genannt, ein Begriff der etwas Großes und Solides vermuten lässt. Dieses Foto wurde von einem Flugzeug aus über Ecuador aufgenommen. Es vermittelt den Eindruck, dass da etwas brodelnd aufsteigt, vor allem bei der höchsten Wolke. Diese hohe Cumulus-Wolke könnte noch weiter wachsen und sich zu einer Gewitterwolke entwickeln.

Konvektion in der Karibik ➤➤

Wenn Sie den Himmel an Tagen beobachten, an denen die Konvektion besonders lebhaft ist, an denen bei labiler Schichtung die Luft schon nach geringer Erwärmung aufsteigt, kennen Sie solche Wolken. Sie können dann beobachten, wie sie wachsen und ihre Form verändern. Sie sind die kleineren Verwandten der Cumulonimbus-Wolken, die Cumuli congesti, hier in der Morgan Bay auf der karibischen Insel Barbados.

Cumulus congestus

Diese Wolken vom Typ Cumulus congestus, aufgenommen in French (New Mexico), sind sicher auf dem Weg zu Cumulonimbus-Wolken weiter zu wachsen. Sie zeigen an den höchsten Stellen die ersten Anzeichen von Vereisung, ein sicheres Zeichen für die Bildung einer Gewitterwolke. Die Oberseite der rechten Wolke beginnt bereits eine ambossähnliche Form anzunehmen, während gleichzeitig eine dunkle Trübung an der Basis der größten Wolke Regenschauer verkündet.

◄ »Feierabend«-Cumulus

Diese Abendstimmung mit einer großen Cumuluswolke ist im County Northumberland im Norden Englands aufgenommen worden. Ein tiefblauer Himmel, mächtige Wolken und schöne Lichteffekte erzeugen dieses lebendige Bild. Trotz der späten Tageszeit ist die Wolke immer noch im dynamischen Wachstum – Ausdruck einer sehr labilen Atmosphäre.

Cumulus-Silhouette ►

Abendliche Farben verleihen dieser Cumulus-Wolke ein spektakuläres Antlitz. Das Foto, das in Borneo aufgenommen wurde, zeigt die Sonne am Ende eines Tages, doch es ist immer noch genügend Energie in der aufsteigenden Luft vorhanden, um die aufgewölbten Gipfel zu erhalten. Wenn die Sonne untergegangen ist, fehlt der Nachschub an Energie, und die Wolke beginnt sich langsam aufzulösen.

Acht in einer ➤

Die vielen Türme des Kraftwerks bei Thrumpton in Nottinghamshire führen gemeinsam zu der Entstehung einer einzigen Pyrocumulus-Wolke. Es ist windstill an diesem Tag, die aufsteigende Luft wird nicht gestört, und die entstehende Wolke ist recht klein. Das lässt darauf schließen, dass die Umgebungsluft nicht sehr feucht ist und auch nicht viel Wasserdampf aus den Schornsteinen aufsteigt. Diese vom Menschen erzeugten Wolken kommen häufiger vor, als man zunächst annehmen sollte. Wenn sie so aussehen wie hier, bekommt man gleich einen Eindruck davon, wie eine Wolke entsteht.

Straßen über der Landschaft ➤➤

Diese Cumulus-Wolkenstraßen haben sich in West Sussex zwischen dem See südlich von East Grinstead und der Ortschaft selbst gebildet. Die größte Wolkenstraße direkt über dem See sieht aus wie eine Reihe von Trittsteinen. Im Süden ist der Himmel klar. Die Luftströmung hat zwei Wolkenstraßen geschaffen; über der Hügellandschaft gibt es noch viele einzelne Wolken.

Winterlicher Stratocumulus

Dies ist eine typische Wolkendecke aus Stratocumulus-Wolken, die entsteht, wenn die Atmosphäre relativ stabil geschichtet ist. Eine Inversion sorgt dafür, dass die Temperatur mit der Höhe zunimmt, statt wie gewöhnlich abzunehmen. Die vertikale Mächtigkeit der Wolkenschicht ist auf diese Weise begrenzt. Meist ist die Unterseite etwas »buckelig«, oft verschmelzen einzelne Wolken miteinander. Gelegentlich kann dieser Wolkentyp auch eine große Schicht aus Wellenformen oder Riffelungen bilden. Stratocumulus-Wolken sind im Winter oft graue Wolkendecken, die eine trostlose Stimmung erzeugen.

◄◄ Stratocumulus am Abend

Auf diesem Bild sehen wir viele einzelne Wolken, die zwar zu einer Stratocumulus-Schicht gehören, jedoch keine durchgehende Wolkenschicht bilden. Die einzelnen Wolkenelemente haben eine flauschig lockere Form, wie Cumulus-Wolken eben, die sie im Grunde ja auch sind. Jede Wolke ist ein Cumulus, der nicht weiter wachsen kann, weil er von einer Temperaturinversion überlagert ist. Letztere wirkt wie ein Deckel und zwingt die Wolken, sich horizontal auszubreiten.

◄ Stratocumulus castellanus

Diese weichen »Baumwollknäuel« einer Stratocumulus-Schicht heißen Stratocumulus castellanus. Aufgenommen wurde dieses Bild in Edgefield (Norfolk, England). Sie können leicht mit kleinen Cumulus-Wolken verwechselt werden. Sie sind jedoch nicht durch reine Konvektion entstanden. Eine turbulente Durchmischung spielt ebenfalls eine Rolle bei der Entstehung von Stratocumulus-Wolken und in der Atmosphäre gibt es genug Turbulenzen, sodass die Schichtbewölkung in einzelne Wolkenzellen zerreißt.

◄ Fast verschwunden …

Dieser schöne Sonnenuntergang beleuchtet die wellige Unterseite eines Stratocumulus, der typischerweise nur eine geringe Mächtigkeit besitzt. Stratocumulus-Schichten können auch entstehen, wenn am Abend die Konvektion zusammenbricht und die einzelnen Haufenwolken sich verbreitern und vereinen. Der lange Wolkenstreifen nahe dem Horizont ist auf diese Weise entstanden, während die obere Wolkenschicht ein »klassischer« Stratocumulus ist.

Zum Abschluss des Tages ►

Noch ein schöner Sonnenuntergang. Wir können auf dem Foto, das in Südengland gemacht wurde, die aus kleinen Wölkchen zusammengesetzte Struktur erkennen. Einige Wolken reflektieren noch das sichtbare Sonnenlicht, Richtung Horizont treten die goldenen und rötlichen Töne der untergehenden Sonne hervor.

Stratus

Der verborgene Dschungel

Nebelartige Stratus-Wolken schufen diese geheimnisvolle Stimmung des Dschungels in den unteren Hängen des Mount Batur auf Bali in Indonesien. Es ist ein tropischer Regenwald, umhüllt von warmer und feuchter Luft. Die großen Bäume ragen aus der Nebeldecke heraus. Ähnliche Effekte gibt es auch in den feucht-kalten Regionen der Erde, wie wir noch sehen werden.

◄ Finstere Berge

Im Gegensatz zur vorherigen Seite sehen wir hier zwei Beispiele für Stratus fractus, gebrochene Wolkenfetzen in einer kühlen Umgebung. Im Allgemeinen setzt die Wolkenbildung ein, wenn Luft soweit abkühlt, dass der in ihr enthaltene Wasserdampf zu kleinen Wassertröpfchen kondensiert. Das Foto oben links entstand an einem kleinen See auf dem Weg zum Ben Nevis, dem höchsten Berg Schottlands, und zeigt niedrige Wolken, wie sie Bergsteigern und Bergwanderern bekannt sind. Auf dem Bild unten rechts zieht eine Stratuswolke über einen anderen Ort in Schottland, der durch seine düstere Vergangenheit bekannt ist: Glen Coe in Argyll.

Stratus im Schnee ►

Im Bild rechts hängt eine Stratuswolke über dem Alpenort Chamonix in Frankreich. Die strukturlose Wolke hat sich als nebelige Decke den Hang hinabgesenkt. Die Seilbahn wird zweifellos bald in der Wolke verschwinden – kein schönes Wetter zum Skifahren.

AIGUILLE DU

»Altocumulus lenticularis bildet sich meist über Gebirgszügen und kann spektakuläre Formen annehmen. Gelegentlich werden diese Wolken mit fliegenden Untertassen verwechselt.«

6 Mittelhohe Wolken

Mittelhohe Wolken bilden sich in Höhen zwischen 2000 m und 6000 m. Sie bestehen hauptsächlich aus Wassertröpfchen und bilden zwei Hauptformen: Schichtwolken (Altostratus) und Haufenwolken (Altocumulus), die etwas flauschiger aussehen und den berühmten Schäfchenwolkenhimmel bilden. Es gibt noch einen Wolkentyp, Nimbostratus, der eigentlich eine niedrige Wolke ist, aber oft zum mittelhohen Typ gezählt wird. Diese Wolke besteht aus dicken, grauen, formlosen Schichten und kann große Regenmengen in sich tragen.

Altostratus wirkt nicht gerade bezaubernd, es ist einfach eine fade, graue Schicht. Etwas interessanter wird sie, wenn das Licht von Sonne oder Mond durch die Schicht hindurchscheint und ein Teil des Himmels auf diese Weise heller leuchtet. Abhängig von der Größe der Wassertröpfchen kann der beleuchtete Bereich auch eine farbige Korona bilden (siehe Kapitel 9).

Altocumulus kann dagegen viele schöne und interessante Formen annehmen, von den bekannten Schäfchenwolken bis hin zu den etwas selteneren linsenförmigen Wolken, den Lenticularis. Sie bilden sich meist über Gebirgszügen und können spektakuläre Formen annehmen. Gelegentlich werden sie mit fliegenden Untertassen verwechselt.

Nimbostratus

Eine dicke und feuchte Schicht

Nimbostratus ist eine Schlechtwetterwolke, die fast immer Regen oder Schnee bringt. Sie bildet meist eine dunkelgraue strukturlose Schicht, manchmal sind aber auch Wolkenfetzen an ihrer Unterseite: die niedrigeren Stratus fractus-Wolken. Eine ihrer Eigenschaften ist es, tagsüber innerlich sozusagen zu glühen, wenn die Sonnenstrahlen einen Teil der Wolkenschicht durchdringen.

Schlechtes Wetter in Sicht

Auf dieser Aufnahme sieht man nur eine Andeutung von dem hellen Schein, der hier die Kombination aus Nimbostratus und Stratus fractus durchdringt. Die graue strukturlose Schicht ist fotografisch schwer festzuhalten und sieht nie besonders interessant aus. Dennoch verspricht das nasse oder schneereiche Wetter, dass sie besondere Wetterbedingungen bringt: ausgedehnte Regentage, überflutete Flüsse oder massive Schneefälle. Sie mögen zwar langweilig aussehen, aber sie sind überall auf der Welt ein Alarmsignal eines einschneidenden Wetterwechsels.

Altostratus

◄ Typischer Altostratus

Dieser prachtvolle Sonnenuntergang in Berkshire (England) widerlegt im Grunde den Ruf einer grauen Schicht. Altostratus tritt in zwei Varianten auf: dünn oder dick. Altostratus translucidus lässt mehr Licht durch als der dickere Altostratus opacus. Hier ist ein Beispiel für einen Altostratus translucidus mit einer großen beleuchteten Decke am Westhimmel.

◄◄ Verschiedene Formen von Altostratus opacus

Altostratus ist eine Schichtwolke, die meist eine Warmfront ankündigt. Ihre Mächtigkeit nimmt allmählich zu, bis sie zu einer Nimbostratus-Wolke heranwächst, die immer auch Regen bringt. Hier sieht man eine dichte Altostratus-Wolke über Südengland, deren Untergrenze sich in etwa 2500 m Höhe befindet. Es ist also noch genügend Platz darunter für einzelne Fetzen von Stratus pannus, die sich in etwa 450 m Höhe befinden.
Das zweite Foto links (unten) ist ein weiteres Beispiel für eine mächtige Stratuswolke, diese Mal ohne weitere Begleitung anderer Wolken und mit etwas mehr Abwechslung in Textur und Farbe.

◄ Ein Loch mit Fallstreifen am Himmel

Die Wassertröpfchen, die mittelhohe Wolken bilden, sind oft unterkühlt, d. h. deutlich unter den Gefrierpunkt gekühlt, aber noch nicht zu Eis kristallisiert, wie in diesem Fall bei Totland auf der Isle of Wight in Großbritannien. Eine unbekannte Ursache ließ einen Teil der unterkühlten Tropfen gefrieren und hinterließ ein Wolkenloch mit Fallstreifen.
In diesem Bereich blieb nur noch ein spärlicher Rest aus Eiskristallwolken.

Altocumulus

◄ »Tellerstapel«

Dieses lustige Beispiel einer Altocumulus-Form heißt Lenticularis. Diese Wolken haben meist eine Linsenform, welche entsteht, wenn Luft über ein hohes Hindernis strömt. Bei anhaltender, gleichmäßiger Luftströmung kann die Wolke an einer Stelle für längere Zeit »stehen« bleiben. Hier ist das Phänomen im Gebiet des Mount Ruapehu in Neuseeland zu beobachten. Der erste Wolkenwulst, der sich bildete, wurde selbst zum Hindernis. Immer mehr Luft strömte gegen die Wolkenbasis, es bildeten sich neue Wolkenschichten, und diese wurden immer weiter angehoben. Das Resultat stellt den wachsenden Tellerstapel dar.

◄ Eine Linsenwolke über Wales

Diese Altocumulus lenticularis-Wolke ist bei Cerrigydrudion im Norden von Wales fotografiert worden. Es ist eine besonders schöne Wolke, die sicherlich durch die Windströmung über Snowdon oder einen der anderen nordwalisischen Berge entstanden ist. Die sanfte Kontur der Wolke ist eine fast perfekte Kopie der Hügel.

Altocumulus am Abend ►

Hier kann die Wolkenklassifikation durchaus schwierig sein. Die sehr kleinen Wolkenelemente sind im oberen Bereich des mittleren Wolkenniveaus entstanden, deshalb heißen auch sie Altocumulus – Altocumulus stratiformis. Würden sie nur ein wenig höher in der Atmosphäre liegen, würde man sie Cirrocumulus nennen.

◄◄ Wolkenloch mit Fallstreifen bei der Isle of Wight

Dieses Foto hat eine dicke Altocumulus-Schicht festgehalten, die durch ein Loch mit Fallstreifen unterbrochen ist. Kleine Altocumulus-Wölkchen sind in dem Wolkenloch zu sehen und weiter oben die schöne »Feder« einer Cirruswolke. Der auffällige Kontrast zwischen den hellen Wolken und dem blauen Himmel wirkt so, als hätte man einen Blick durch eine Öffnung auf tiefblaues Meerwasser.

◄ Unheimliche »Gesichter« am Himmel

Diese beiden bemerkenswerten Wolkenformen sind Varianten der Altocumulus lenticularis-Wolken. Die Linsenformen entstanden durch die Überströmung von Bergen. Dabei haben sich waagerechte Wirbel an der Unterseite gebildet, die diese Wolken gespenstisch erscheinen lassen. Sie können leicht mit fliegenden Untertassen verwechselt werden.

◄ Antarktischer Altocumulus

Wolkenformationen sind in allen Regionen der Erde in etwa gleich. Diese dünne Altocumulus-Schicht wurde bei Rothera in der Antarktis aufgenommen, eine der wichtigsten britischen Forschungsstationen auf dem Kontinent. Das Foto ist eine Art Studie über Tönungen in Blau, Grau und Weiß, mit Spiegelung der Wolken auf der Wasseroberfläche zwischen treibenden Eisbergen. Die scharfe Wolkengrenze, die an einen klaren blauen Himmel grenzt, zeigt, wo die Temperaturen und der Wasserdampf gerade noch passend sind, um diese Wolkenschicht zu entwickeln.

◄ Stratiformi bei Sonnenuntergang

Das Abendlicht verwandelt diese Altocumulus stratiformis-Wolken, die über Mittelengland aufgenommen wurden, in ein großartiges Naturschauspiel.

Neuseeländischer »Plattenstapel« ➤

Einer der Gipfel der neuseeländischen Alpen ragt unten rechts in die großartigen Altocumulus lenticularis-Wolken dieser Aufnahme hinein. Die Wolke entstand dadurch, dass die vorherrschenden Westwinde beim Überströmen des Gebirgsmassivs, das die Südinsel Neuseelands beinahe ganz von Nord nach Süd durchzieht, angehoben wurden. Stellenweise erreichen die Gipfel über 3000 m Höhe und das Gebirge bietet an vielen Stellen geradezu ideale Bedingungen für diese Wolkenform. Diese atmosphärischen Strömungen sorgen auch dafür, dass hier weltweit mitunter die besten Gebiete für das Gleitschirmfliegen zu finden sind.

◄◄ »... später sind Gewitter zu erwarten«

Diese Türme mittelhoher Wolken über der britischen Kanalinsel Jersey werden Altocumulus castellanus genannt. Anders als die anderen Altocumulus-Wolken sind diese höher als breit. Die Namen erhalten sie wegen ihrer hohen Gipfel, die wie Türme aufragen. Sie sind ein Zeichen für eine labile Atmosphäre im Niveau der Wolkenbildung und gehen oft der Bildung von Gewitterwolken voraus. Wenn Sie Wolken wie diese sehen, sollten sie später am Tag auf Gewitter achten.

◄ Floccus in der Schweiz

Der Genfer See bietet eine weitere Kulisse für schöne mittelhohe Wolken in labiler Atmosphäre: Altocumulus floccus. Man nennt sie so, weil sie die »büschelige« Form eines Säugetierschwanzes haben. Diese Wolken sind »zottig«, d. h. sie haben weniger klar gezeichnete Umrisse als die klassische Form. Sie befinden sich zudem in größerer Höhe. In der Ferne hat sich bereits eine große Cumulus-Wolke herausgebildet (unten im Bild), vielleicht das Zeichen einer Wetterverschlechterung.

Altocumulus-»Feder« ➤

Dieses Bild zeigt ein »Federbündel« aus Altocumulus-Wolken. Die einzelnen Wolkenelemente sind klein und aus einer Kombination aus länglichen und dazu quer verlaufenden Streifen zusammengesetzt. So wie die Wolke hier am Himmel erscheint, ist der Kontrast zum blauen Himmel sehr ausgeprägt. Das sieht man nicht oft, und es lohnt sich, darauf zu achten.

Altocumulus in Bändern ➤➤

Der streifenartige Altocumulus hat genau die Form, die für diese Wolkenart typisch ist. Was diese Wolke aber dennoch von der klassischen Ausprägung unterscheidet, ist die Dichte der Einzelwolken in Verbindung mit der sich deutlich abzeichnenden Bänderung in einer ungewöhnlich dichten Wolkenmasse. Die Ursache liegt in dem besonderen Zusammenwirken von Wind, Temperatur und Luftfeuchtigkeit innerhalb der Wolke.

◄ Leuchtender Himmel über Heathrow

Dieser eindrucksvolle Schäfchenwolken- oder »Makrelen«-Himmel wird durch die Abendsonne noch verstärkt. Aufgenommen wurde das Foto über dem Londoner Flughafen Heathrow. Die Tönung und das Spiel der Farben ähneln Fischschuppen. Normalerweise bedeutet »Makrelenhimmel«, dass der Altocumumlus aus kleinen schuppenähnlichen Elementen besteht, aber hier sind auch die unterschiedlichen Tönungen der geräucherten Variante zu sehen.

Altocumulus floccus mit »Schweif« ►

Diese Altocumulus floccus-Wolken sind so zerfetzt, wie sie nur sein können. Ihre Basis ist zu Fallstreifen aufgelöst. Aus Wassertröpfchen oder Eiskristallen bestehend, fallen sie von der Unterseite herab. Meist verlaufen Fallstreifen senkrecht, aber sie können zur Seite abdriften, wenn die Tröpfchen oder Kristalle verdunsten. Dabei schrumpfen die Wolken, und der Wind treibt sie zugleich weg.

Floccus mit Strahlen ➤

Dieses Beispiel für Altocumulus floccus über der Isle of Wight in Großbritannien zeigt, wie weit die Formenvielfalt dieser Wolken reicht. Die »flauschige« Form verleiht ihnen den Beinamen floccus, wenngleich die vertikale Ausdehnung gering ist. Die Aufnahme zeigt darüber hinaus ein Strahlenbündel, das sich vom Horizont über den Abendhimmel erstreckt (siehe auch Kapitel 8).

Sonnenuntergang ➤➤

Hier ist ein weiteres Beispiel für den klassischen Altocumulus, Schäfchenwolken- oder Makrelenhimmel, in kontrastreichen Farben. Diese Wolken haben tatsächlich die Fähigkeit, den Himmel zu verschönern, vor allem am Anfang und am Ende des Tages. Hier sorgen sie für einen unvergesslichen sommerlichen Tagesausklang bei Bracknell (Berkshire; Großbritannien).

»Es sind dünne und zarte Erscheinungen, oft ähneln sie Federn oder Fahnen.«

7 Hohe Wolken

Hohe Wolken gehören zu den schönsten, die uns der Himmel bietet. Es sind dünne und zarte Erscheinungen, die oft Federn oder Fahnen ähneln. Das liegt an ihrer hohen Lage in über 6000 m Höhe. Sie bestehen hauptsächlich aus Milliarden von kleinsten Eiskristallen und zu einem kleinen Anteil aus unterkühlten Wassertröpfchen, die noch keinen Kristallisationskeim gefunden haben.

Hohe Wolken treten in drei Formtypen auf: als vereinzelte Wolken, Cirren genannt, in großen Wolkendecken oder Schichten, als Cirrostratus bezeichnet, und als etwas klumpige, aber dennoch sehr feine Flecken, den Cirrocumulus-Wolken. Erstaunlich ist die Vielfalt der Varianten, in denen diese Wolken auftreten. Von Häkchen über Cirrusfedern, den dünnen Schleiern der Cirrostratus-Schichten, bis hin zu den Riffelungen der Cirrocumulus-Wolken, gleich eines Sandstrands – hohe Wolken haben eine faszinierende Schönheit.

Darüber hinaus haben die Eiskristalle der Cirrostratus-Wolken die Fähigkeit besondere Effekte wie Halos, Zenitalbogen oder irisierende Wolken zu bilden. Trotzdem finden diese Erscheinungen oft keine Beachtung, weil die meisten Menschen nur ihrem Alltag nachgehen. Wenn Sie einen dünnen Schleier einer milchig weißen Wolke am Himmel finden, sehen Sie mal genauer hin, Sie könnten ein paar ungewöhnliche Farben entdecken. (Mehr dazu in Kapitel 9).

Cirrus

Cirrus fibratus mit Kondensstreifen ➤

Cirrus-Wolken (oder Cirren) bilden die feinsten Strukturen unter den hohen Wolken. Sie bestehen fast ausschließlich aus Eiskristallen und besitzen immer eine sehr feine Textur, wie es auch auf diesem Foto der Fall ist, das an einem Abend bei Cwm in Gwent (Wales) aufgenommen wurde. Die offizielle Bezeichnung ist Cirrus fibratus, benannt nach der stets faserigen Struktur. Ein Kondensstreifen ist dabei, sich in den Höhenwinden auszudünnen und zu verdrehen. Er wirft zugleich einen schwachen Schatten nach links auf die Cirren.

Fein verwoben ➤➤

Die Cirren auf diesem Bild sind sehr zart, da sie ganz aus Eiskristallen bestehen. Wenn die Kristalle groß genug sind, sinken sie herab und verleihen der Wolke dadurch eine größere vertikale Ausdehnung. Die mit der Höhe wechselnden Winde verursachen dabei die Verdrehungen und unregelmäßigen Biegungen, wie sie hier zu sehen sind.

Grandiose abendliche Cirren

Noch eine erstaunliche Formation aus Cirrus fibratus am Abendhimmel, diesmal über Freshwater auf der Isle of Wight vor der Südküste Englands. Am typischen Ende eines schönen Sommertages scheinen die Wolken zunächst radial vom Horizont aus über den Himmel auszustrahlen um dann in pulsierende Wellenbänder überzugehen.

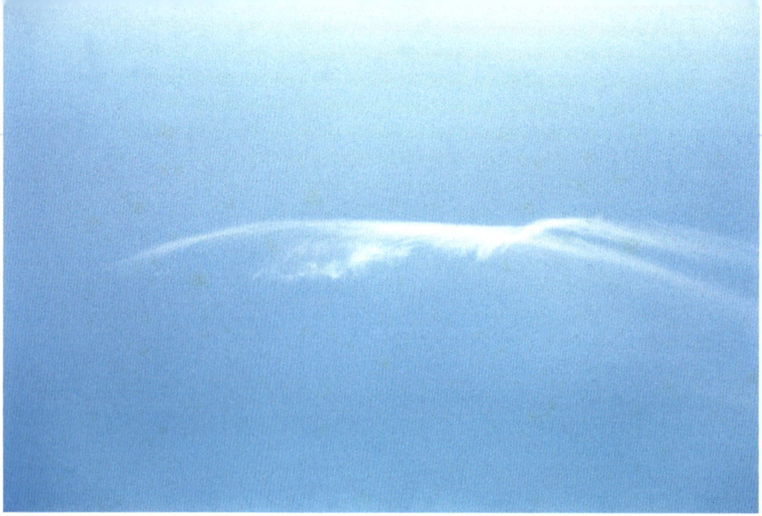

◄ Cirrus im Hochflug

Was könnte eindrucksvoller sein, als solche verdrehten Wolkenfäden aus Cirrus, aufgenommen bei Walcheren in den Niederlanden? In hellem Weiß hebt sich die Wolke vom hellblauen Sommerhimmel ab.

◄ Diese ungewöhnliche Wolkenform ist eine Cirrus floccus-Wolke, eine hohe Version der sonst häufiger in mittlerer Höhe zu beobachtenden Wolkenart. Die charakteristische Floccusform der einzelnen Wolkenelemente tritt aber auch hier klar hervor, obwohl sie einen hohen Anteil an Eiskristallen enthalten.

Wolken oder Geister? ►

Dieses eindrucksvolle Schauspiel ist an einem Abend über Corrieshalloch Gorge bei Ullapool im Nordwesten Schottlands aufgenommen worden. Es sieht aus, als hätte sich ein Klan aus Geistern versammelt. Die verwundenen Cirrusfasern oder -fäden geben einen ungewöhnlichen Anblick. Sie sind ein weiteres bemerkenswertes Beispiel für Muster, die täglich entstehen, wenn herabfallende Eiskristalle durch den Wind in verwundene Bahnen gelenkt werden.

◄ Büschel, Haken und Federn

Der Inbegriff eines schönen Tages: klarer blauer Himmel, ein paar schöne Cirren in der Höhe und ein paar kleine Cumulusknäuel nicht weit vom Boden entfernt. Das Foto ist bei Padstow in Cornwall (England) aufgenommen worden und gibt ein treffendes Beispiel für Haken und Federwolken, deren wissenschaftlicher Name Cirrus unicus ist.

Das Foto unten ist ein weiteres Beispiel für die gleiche Art der Feder- und Büschelform. Viele der Fasern sind noch feiner, aber sie haben dennoch die charakteristischen aufwärts gerichteten Enden.

Riesenfeder ►

Diese riesige Federwolke ist ein außergewöhnliches Exemplar von Cirrus spissatus (dichter Cirrus), das alle typischen Elemente der Wolke enthält. Zarte Büschel und feine Federn strahlen an den Kanten aus, Linien und Streifen durchziehen den dichteren Teil der Wolke, und schließlich gibt es den schönen Kontrast zwischen der weißen und grauen Wolke zu dem blauen Himmel.

Cirrostratus

Morgenrot

Dieser glühende Himmel ist ein sehr passendes Beispiel für die Bauernregel »*Morgenrot – Schlechtwetter droht*«. Wenn Sie bei Sonnenaufgang einen Schleier aus Cirrostratus wie hier sehen, ist das ein Zeichen dafür, dass eine Warmfront sich nähert. Die Wolkenschicht wird sich dann allmählich zu Altostratus und Nimbostratus verdichten, und die Wolkenuntergrenze wird näher an den Boden heranreichen. Bis zum späten Nachmittag ist mit Regen zu rechnen.

◄ Cirrostratus-Schleier

Da Cirrostratus meist mit Fronten in Verbindung steht, vor allem mit Warmfronten, breitet sich diese Wolkenschicht oft über den gesamten Himmel aus. Auf diesem Foto, das bei Cove in Hampshire (Großbritannien) gemacht wurde, trifft genau das zu. Erfahrene Wolkenbeobachter können anhand der Ausdehnung eine genaue Klassifizierung vornehmen. Einige Kondensstreifen sind ebenfalls zu sehen: links, im unteren Bereich des Fotos und von der Mitte zur rechten Seite des Bildes.

Sonnenuntergang in Erwartung von Regen ►

Cirrostratus taucht selten als gleichmäßiger, einzelner Schleier auf, meist gibt es mehrere Wolkenbänder nebeneinander mit unterschiedlich dicken Abschnitten oder faserigen Anteilen, oft auch mit zusätzlichen Cirren. Diese Aufnahme aus Südengland enthält fast alle Merkmale, einschließlich eines einzelnen Kondensstreifens links oben im Bild. Die Kante der sich ausbreitenden Cirrostratoschicht franst etwas aus, während die Wolke gegen den blauen Abendhimmel vordringt. Ein großer Teil des Randbereichs ist Cirrus, ebenso die weißen Areale unter dem Hauptschleier.

◄ Invasion einer Cirrostratus-Schicht

Hier ist das Beispiel eines typischen Cirrostratus, der, wie Wetterbeobachter sagen würden, den ganzen Himmel einnimmt. Er hat einen breiten Saum aus zarten Cirrostratus fibratus, der abrupt in eine dichte weiße Cirrostratus-Schicht übergeht. Knapp über dem Horizont ist der Cirrostratus bereits zu einer farblosen Altostratus-Schicht verschmolzen. Die Schönheit dieser Wolkenformation garantiert fast immer, dass schlechteres Wetter bevorsteht.

Band und Streifen ►

Wetterbeobachter würden diese Cirrostratus-Wolken nicht als »sich ausbreitend« oder als »den Himmel einnehmend« klassifizieren. Das einzelne Wolkenband, das über der Isle of Wight an der Südküste Englands aufgenommen wurde, wird von Cirrostratus-Streifen begleitet. Normalerweise haben solche Cirrostratus-Wolken klare Ränder, wie auch in diesem Fall, dennoch gibt es weitere dünne cirriforme Wolken an der unteren Kante des Bildes.

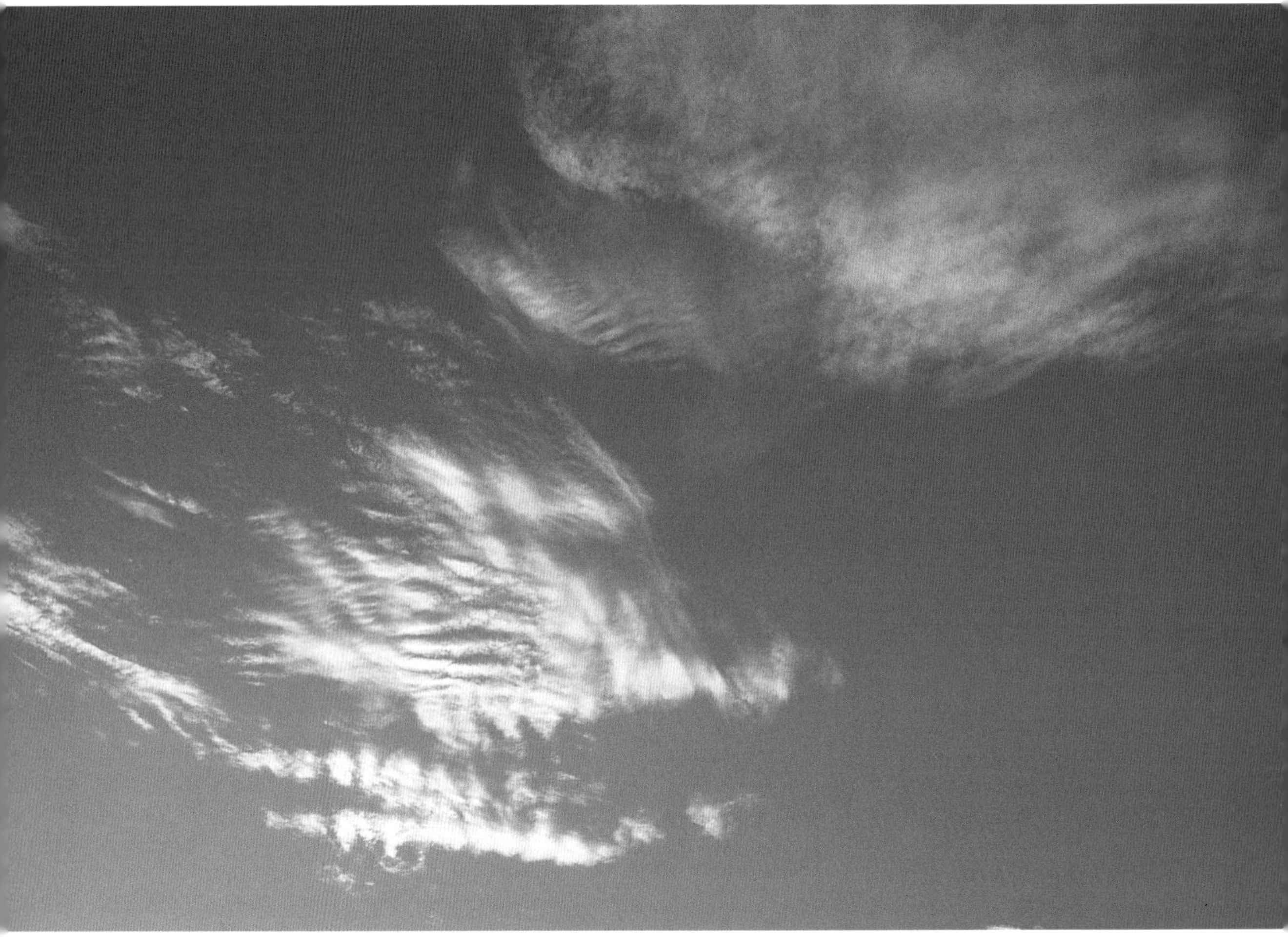

Cirrocumulus

◄◄ Cirrocumulus am blauen Himmel

Das Hauptmerkmal des Cirrocumulus ist die wellige oder geriffelte Form. Reine Cirrocumulus-Wolken sind nicht oft zu sehen, sie können deshalb leicht mit Altocumulus verwechselt werden. Wie bei anderen hohen Wolken sind der Hauptbestandteil kleine Eiskristalle, obwohl auch ein Anteil unterkühlter Tröpfchen enthalten sein kann. Auf diesem Bild ist ein erstaunlicher Kontrast zwischen den Wolkenriffelungen und dem tiefblauen Himmel zu sehen.

◄ Mehr Schicht, weniger Riffelung

Dieses Bild, aufgenommen in Finningley, Yorkshire (England), zeigt einen größeren Flächenanteil von Cirrocumulus. Er kann sich oft innerhalb mehrerer Cirrus-Wolken oder einer Cirrostratus-Schicht bilden. In beiden Fällen können ausgedehnte Flächen betroffen sein. Hier sind die einzelnen Wolkenelemente fleckiger und klumpiger als in dem vorherigen Bild.

◄ Cirrocumulus mit Riffeln und Flecken

Hier hat sich eine Stratocumulus-Schicht in eine Cirrocumulus-Schicht verwandelt. Man erkennt dies an den Riffelungen in der Wolkendecke. Die Riffelungen sind auf diesem Bild fast durchgehend vorhanden, was bei Cirrocumulus selten ist. Außerdem ist die Wolkenschicht recht dicht und reduziert die Sonnenstrahlung auf einen hellen Fleck (vergleichen Sie die Wolken auch mit dem Bild rechts).
Auf diesem Bild aus Finningley in Yorkshire (England) sehen wir eine Kombination aus Wolkenfeldern und Riffelungen. Beachten Sie, wie unterschiedlich die einzelnen Elemente in Größe und Form sind, von groß und flockig in der Mitte bis sehr klein und fast körnig im unteren Teil des Bildes.

Cirrocumulus über Birminghham ►

Dieses Foto ist wie das oben links in Halesowen bei Birmingham in England aufgenommen worden, jedoch etwas zeitversetzt. Hier ist das Aufgebot komplett: blauer Himmel, Riffelungen und flächige Cirrocumulus-Wolken, mit teilweise dichtem Cirrus, der die Sonne fast verdeckt. Obwohl sie überwiegend aus Eiskristallen bestehen, können diese hohen Wolken in dieser Dichte einen eigentlich warmen Sommertag in einen deutlich kühleren verwandeln.

Decken und Flecken ➤

Hier noch ein paar unterschiedliche Varianten als Zeugen der großen Formenvielfalt. Ein Bild, das am späten Abend über Haslemere in Südengland aufgenommen wurde, zeigt eine Schicht mit Wolkenriffeln, die den Sandriffeln im flachen Wasser eines Strandes ähneln. Im unteren Bild aus Llanbedrog in Wales sieht man ein isoliertes Cirrocumulus-Feld mit weißen, breiten Riffelungen.

Cirrocumulus über den »Plains« in Kansas ➤➤

Ein bemerkenswertes Bild mit Cirrocumulus-Fragmenten an einem tiefblauen Himmel zeigt, wie klein die Riffel sein können. Sie mögen zunächst aussehen wie Felder von Cirren, aber die typischen, wenn auch winzigen Merkmale der Cirrocumulus-Wolken dürfen nicht übersehen werden. Die dickeren Bereiche sind leuchtend weiß und enthalten wahrscheinlich noch Anteile unterkühlter Wassertropfen, während der größte Teil der Wolken aus Eiskristallen besteht.

KANSAS
ORIGINALS

»Es gibt Wolken, die nur sehr selten zu sehen sind, und es gibt Wolken, die nicht die Natur geschaffen hat.«

8 Spezielle Wolken

Bei der weltweiten Wetterbeobachtung sieht man ein großes Spektrum an Wolken jeden Tag, auch wenn sie in unterschiedlichen Formen vorkommen. Aber es gibt auch noch Wolken, die nur sehr selten zu beobachten sind, und es gibt Wolken, die nicht die Natur geschaffen hat.

Die häufigsten von Menschen verursachten Wolken sind die bekannten weißen Linien am blauen Himmel, die manchmal schöne Muster hinterlassen. Es sind natürlich die Kondensstreifen, die ein wenig wie künstliche Cirren aussehen. Sie stammen entweder von den Abgasen der Düsenflugzeuge oder von dem kurzzeitigen Druckabfall der Flugwirbelschleppen, die ein Flugzeug an den Spitzen seiner Tragflächen erzeugt.

Am Ende dieses Kapitels werden wir zwei natürliche Wolken betrachten, die unter verschiedenen Bedingungen entstehen. Zum einen sind dies die Kelvin-Helmholtz-Wellen, für die ganz bestimmte atmosphärische Bedingungen herrschen müssen. Abweichungen in der Stabilität oder den Windbedingungen lassen sie sofort wieder verschwinden. Der zweite Typ ist orografisch bedingt, er verlangt bestimmte geografische und morfologische Voraussetzungen: Berge und das richtige Maß an Feuchtigkeit und Wind. Sie werden sehen, dass diese Wolken etwas ganz Besonderes sein können.

Kondensstreifen

◄ Rotgestreifter Sonnenuntergang

Die meisten Wolken in dieser Aufnahme sind aus neuen oder älteren Kondensstreifen hervorgegangen, die zusammen mit echten Cirren den Himmel überziehen und im Abendlicht rot leuchten. Die jüngeren Kondensstreifen haben noch ihre schmalen geraden Linien, die älteren haben sich verbreitert und unterschiedliche Formen angenommen. In der Bildmitte können wir ein breites geriffeltes Band sehen, das sich durch das Auseinanderdriften des ursprünglichen Streifens gebildet hat. Am oberen Bildrand ist ein noch breiteres Band einer federhaften Eiskristallwolke zu sehen.

Kondensstreifen über Mittelengland ►

Vor einem Hintergrund aus dichten Cirren hebt sich dieses Kondensstreifenpaar bei Halesowen in Birmingham (England) ab. Das Bild zeigt viele Formen. Der obere Streifen weist am linken Bildrand ein paar Wirbel aus, und er wirft auf die Cirrus-Schicht einen dunklen Schatten. Der untere Kondensstreifen zeigt auf beinahe ganzer Länge Wirbelbildungen, außer an der Stelle, wo der Streifen von einer niedrigeren Cirrus-Bewölkung verdeckt ist. Kondensstreifen verlaufen oft in die gleiche Richtung, weil die Flugzeuge in vorgegebenen Routen fliegen.

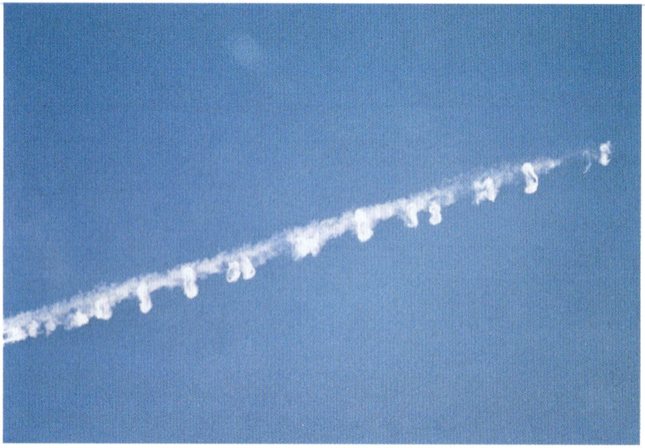

◄ Linie mit Schleifen

Ein Flugzeug verursacht auf seinem Weg durch die Luft eine Menge Wirbel, und Kondensstreifen verraten die Flugbahn. Ein Teil der Turbulenzen wurde in diesem Kondensstreifen zu kleinen Wirbeln verdreht, die hier die Form von kleinen Achten annahmen. Dieses Foto eines einzelnen Kondensstreifens wurde über Benson in Oxfordshire (Großbritannien) aufgenommen. Der Streifen beginnt schon in kleine Wölkchen zu zerfallen, zu sogenannten Wirbelschleppen.

◄ Eine Serie von Kondensstreifen, die eine dünne Cirrus-Schicht an einem sonst leuchtend blauen Himmel unterqueren.

Cirrus mit Kondensstreifen ►

Hier sind die meisten Kondensstreifen, die einen mit Cirrus bedeckten Himmel queren, noch gut erhalten, aber einige lösen sich bereits auf. In der oberen rechten Ecke befinden sich ein paar Fallstreifen aus Eiskristallen. Darunter wirft der Kondensstreifen einen deutlichen Schatten auf die darunterliegende Cirrus-Schicht. Im unteren Bereich der Aufnahme, über dem Dach, kreuzen sich mehrere Kondensstreifen, oben links zerfällt ein alter Streifen in kleine Wolkenflecken, ähnlich den Cirrus-Schichten daneben.

◄ Kondensstreifen-Ring am Himmel

Die ringförmige Schleife am Himmel ist wahrscheinlich der Kondensstreifen eines kreisförmigen Überfluges. Solche Muster können bei Beobachtungsflügen oder bei militärischen Manövern entstehen. Ringe dieser Art sind häufiger, als man annehmen sollte, vor allem dort, wo das Militär regelmäßig aktiv ist. Dieses Foto stammt aus Durham in Nordengland.

Kondensstreifen und Knäuel ►

Ein ursprünglich einzelner Kondensstreifen verändert oft nach kurzer Zeit seine Gestalt. Dieser hier bricht schon in Knäuel und Streifen auf und wird wahrscheinlich bald ganz auseinandertreiben.

Kelvin-Helmholtz

Kelvin-Helmholtz-Wellen

Wolkenwellen entstehen normalerweise dann, wenn die Schichtung in der Atmosphäre stabil und der Wind in Richtung und Geschwindigkeit gleichmäßig ist. Wenn die Atmosphäre labil wird und der Wind sich deutlich mit der Höhe ändert (Windscherung), können sich diese bemerkenswerten Wellen mit überbrechenden Kämmen bilden. Sie heißen Kelvin-Helmholtz-Wellen, benannt nach den beiden Wissenschaftlern, die eine passende Theorie entwickelt haben, wie diese Phänomene in fließenden Medien entstehen. Diese Wolken sind sehr ungewöhnlich, und ganz egal, ob man sie bei hellem Tageslicht wie in Laramie (Wyoming; USA) oder am gefärbten Abendhimmel von Farnham in Surrey (Großbritannien) beobachtet, sie bieten immer eine wunderschöne Himmelslandschaft.

Orografische Wolken

◄ Lenticularis aus aller Welt

Ist das eine Wolke oder ein Ufo? Der Mount Ruapehu in Neuseeland hat auf diesem Foto einen spektakulären Tellerstapel aufgetürmt. Die Luftströmung über den Berg hat hier die Wolke bis auf das Niveau der hohen Wolken anwachsen lassen. Das erkennt man an der Kappe aus Eiskristallen über der Hauptwolke. Der Prozess, der diese Form erzeugt, heißt orografische Hebung: Luft wird beim Überströmen von Bergen zur Aufwärtsbewegung gezwungen.

Diese Lenticularis ist bei Loch an t-Sailen auf der Insel Islay in Schottland entstanden. Wie bei dem Foto darüber, verbleibt die Wolke stationär, denn sie ist an das Hindernis gebunden, über dem sie entsteht – eine stehende Wolkenwelle.

Matterhorn mit Bannerwolke ►

Dies ist ein treffliches Beispiel für eine Bannerwolke, die wie eine Flagge am Berggipfel des Matterhorns in der Schweiz hängt. Die Physik der Bannerwolke ist noch nicht genau geklärt. Grundsätzlich scheint auf der windabgewandten Leeseite ein Unterdruck zu entstehen. Das zwingt Luft dazu, am Hang aufzusteigen, dabei kühlt sie ab, und bei ausreichender Feuchtigkeit tritt Kondensation ein – und ein Banner weht im Wind.

◄ Wie Sahnebaiser in einer Kuchenform

Dies ist ein spektakuläres Beispiel für orografische Hebung über dem Mount Ruapehu in Neuseeland. Sie reicht vom Gipfel des Berges bis zum Eiskristall-Niveau der hohen Wolken hinauf. Die Wolke sieht aus wie ein Baiserkuchenstück auf einer blauen Porzellanschale.

◄ Stehende Welle über Scampton

Diese Form einer Altocumulus lenticularis-Wolke, die in Scampton (Lincolnshire; Großbritannien) aufgenommen wurde, kann auch als stehende »Wolkenwelle« bezeichnet werden. Die Form entsteht, wenn die Luft in einer wellenartigen Bewegung über die Hügel geführt wird. Der Begriff *»stehend«* bezieht sich darauf, dass die Wolke ortsfest bleibt, während die Luft durch sie hindurch strömt.

Leuchtende Nachtwolken

Leuchtende Nachtwolke über Lincolnshire ➤

Wenn Sie jemals Wolken wie diese zu sehen bekommen, erleben sie ein seltenes Ereignis. Dies sind keine Wolken im engeren Sinn. Das Phänomen wird durch Reflexion des Sonnenlichts an Vulkanstaub oder Meteoritenstaub in etwa 80 km Höhe bewirkt. Leuchtende Nachtwolken können nur zwischen dem 45. und 60. Breitengrad von Mitte Mai bis August beobachtet werden. Sie erscheinen in klaren Nächten etwa 15 Minuten nach Sonnenuntergang und sind nur selten höher als 10 ° über dem Horizont zu sehen.

»Strahlenbüschel erscheinen wie goldene Lichtbündel an den Rändern der Wolken, wenn die Wolken niedrig sind und die Sonne tief am Himmel steht.«

9 Optische Phänomene

Wir haben gesehen, dass auf unserer Welt das Wetter viele erstaunliche Ausprägungen hat. Einige der wunderbarsten Phänomene sind das Werk der Sonne. Strahlenbüschel zum Beispiel erscheinen wie goldene Lichtbündel an den Rändern der Wolken, wenn die Wolken niedrig sind und die Sonne tief am Himmel steht.

Wenn die Natur die Sonnenstrahlen dazu bringt, sich in ihre Spektralfarben zu zerlegen, ist die Wirkung oft noch beeindruckender. Licht kann an Regentropfen gebrochen werden, das erzeugt die bekannten Regenbogen. Meist steht ein Regenbogen allein am Himmel, aber manchmal sind sogar drei gleichzeitig zu sehen. In größerer Höhe wird Licht an den kleinen Eiskristallen der Cirrostratus-Wolken gebeugt oder reflektiert (siehe Kapitel 2) und schafft dadurch eine ganze Reihe von rundlichen oder gebogenen Mustern am Himmel, darunter Halos, Bogen, Lichtsäulen und Nebensonnen.

Unter den weiteren optischen Phänomenen gibt es drei, die besonders ungewöhnlich sind: Korona, Glorie und Luftspiegelung. Obwohl es kein Wetterphänomen ist, sondern ein elektrischer Effekt der Magnetosphäre, ist das Polarlicht eines der beeindruckendsten Lichterscheinungen am nördlichen Nachthimmel, zu spektakulär, um unbeachtet zu bleiben.

Halos

◄ Farbiger 22°-Halo

Dieses Foto zeigt den Ring eines 22°-Halos, ein ungewöhnliches Ereignis. Farben entstehen dann, wenn Eiskristalle bestimmte Eigenschaften besitzen und die Sonnenstrahlung einen entsprechenden Winkel zu ihnen hat. Dann werden vom inneren Rand des Halos aus gesehen die Farben Rot, Orange und Gelb unterscheidbar sein, wie man oben links an dem Ring sehen kann. Die anderen Regenbogenfarben sind fast immer so schwach, dass man sie meist nicht erkennen kann.

Halowarnung ►

Dieses interessante Bild zeigt einen 22°-Halo, zusammen mit einem Kondensstreifen und einem Verkehrsschild, das passend platziert ist und die direkte Sonne verdeckt. Rot und Orange sind an der Innenseite des Halos erkennbar, verblassen aber nach außen zu dem üblichen Weiß. Viele Halos sind komplett Weiß, und so sind es die farbigen Varianten, die besonders beeindrucken.

Zirkumzenitalbogen

◄ Zirkumzenitalbogen

Dies ist eine hohe Eiswolke (Cirrostratus), die eines der beeindruckendsten optischen Phänomene hervorruft: einen Zirkumzenitalbogen. Er ist meist ziemlich kurz, nimmt also nur einen kleinen Ausschnitt am Himmel ein, kann aber sehr bunt gefärbt sein. Der Zirkumzenitalbogen ist in Richtung Sonne zu sehen, jedoch ein ganzes Stück höher am Himmel. Wie der Name verrät, bildet er einen gebogen Kreisausschnitt mit der Innenseite Richtung Sonne.

Farbige Büschel ►

Der Zirkumzenitalbogen ist in diesem Bild nicht so brillant, aber dennoch farbig. Es ist die häufigere Erscheinungsform als die auf der gegenüberliegenden Seite. Leider bleiben diese Phänomene nicht lange erhalten. Voraussetzung ist, dass die Wolke, in diesem Fall eine pinselförmige Cirrus-Wolke, in genau der richtigen Position zur Sonne steht und dass die Eiskristalle darin eine bestimmte Struktur und Größe haben. Achten Sie auf einen dunstigen, milchigen Himmel mit Cirrostratus-Wolken, vielleicht haben sie das Glück, einen Bogen wie diesen zu sehen.

Mehrfarbige Wolken ➤

Eine weitere Darstellung eines Zirkumzenitalbogens mit Cirrostratus und Cirrus im Hintergrund. Die Brechung des Sonnenlichtes an den Eiskristallen ruft dieses bunte Spektrum hervor. Das Licht trifft auf die horizontalen Kristalloberflächen, durchdringt den Eiskristall und tritt an den unteren Seitenflächen wieder aus dem Kristall aus. Wie bei einem Glasprisma werden die Lichtstrahlen in ihre Farbbestandteile aufgefächert – mit verblüffender Wirkung.

Cirrostratus-Bogen ➤➤

Dieser Cirrostratus-Schleier ermöglicht fast einen kompletten Zirkumzenitalbogen. Er hat einen Bogenausschnitt in seltener Größe. Das Farbspektrum ist dabei auch recht groß, mit den meisten Farben von Rot bis Blau. Nur Indigo und Violett fehlen. Die gleiche Form und Größe der Eiskristalle sowie der genau passende Einfallswinkel der Sonnenstrahlen sind die wesentlichen Voraussetzungen für das leuchtende Farbenspiel.

Koronen

◄◄ Ein Hof umgibt den Mond

Eine Korona bzw. ein Hof um den Mond herum lässt sich eher nachts beobachten. Tagsüber kann sich dieses Phänomen um die Sonne herum bilden, aber die Farben sind zu blass, um aufzufallen. In diesem Bild ist außen ein rötlicher Ring erkennbar. Es ist oft nur dieser Teil zu sehen. Nur in seltenen Fällen kann das gesamte Regenbogenspektrum von violett bis rot beobachtet werden.

◄ Mondhof über der Isle of Skye

Die Größen von Koronen können sehr variabel sein. Der bestimmende Faktor ist die Größe der wolkenbildenden Teilchen. Kleine Teilchen erzeugen große, große Teilchen kleine Koronen. Koronen entstehen meist dann, wenn eine dünne Wolkenschicht aus Wassertröpfchen das Mondlicht schwächt. In dieser Aufnahme, von der schottischen Insel Skye aus aufgenommen, ist ein breiter Hof an einer Altocumulus-Schicht entstanden. Die Beschaffenheit der Wolke und die gleichmäßige Tröpfchengröße bestimmen die Färbung der Korona.

Parhelia / Nebensonnen

◄ Nebensonne über dem Meer

Nebensonnen, in der Fachsprache Parhelia genannt, sind helle Bogen oder Punkte auf einer Seite oder beiden Seiten der Sonne, die sich in gleicher Höhe am dem Horizont wie letztere befinden. Diese Aufnahme wurde auf dem Meer gemacht. Die Sonne, teilweise von Wolken verdeckt, ist links im Bild zu sehen und rechts davon eine Nebensonne mit einem Halo-Ausschnitt über einer Cumulus-Wolke. Sowohl die Nebensonne als auch der Halo wurden durch die Lichtbrechung an Eiskristallen in der hohen Cirrus-Schicht hervorgerufen.

Nebensonnen, farbig und flach ►

(Oben rechts) Die kleine helle Nebensonne wurde in Brymawr (Südwales) fotografiert und zeigt den typischen kleinen Fleck dieses Phänomens. Die Sonne ist hier hinter einer Cumulus-Wolke verborgen, und die Nebensonne befindet sich in einer Cirrostratus-Schicht.

(Unten rechts) Der gelbe Abendhimmel hat eine helle weiß-gelbe Nebensonne gezeichnet (deutlich rechts von der Sonne), die sich dicht am linken Rand des Bildes befindet.

Irisierende Wolken

◄◄ Irisierende Wolken am blauen Himmel

Irisiernde Wolken stellen ein weiteres ungewöhnliches Phänomen dar. Es tritt meist an den Rändern von Cirrus, Cirrocumulus oder Altocumulus auf und kann weiß, grün oder rot erscheinen. Auf dem Foto ist der größte Teil direkt um die Sonne und darüber weiß. Es sind aber weiter oben auch rosane und grüne Färbungen in den Riffelungen der Cirrocumulus-Wolken zu sehen.

◄ Irisierende Wolken am Abendhimmel

Der vorherrschend gelbe Ton in diesem Bild ist an sich schon erstaunlich, aber es gibt auch einen irisiernden Effekt. Die Sonne senkt sich und ist gerade hinter dem Wolkenband über dem Horizont verborgen. Darüber ist eine leuchtend weiße Wolkenkante einer Altocumulus-Wolke zu sehen. Wenn Sie den Blick über die blaue Wolkenlücke hinaus auf die obere Wolke richten, erkennen Sie ein paar irisierende Tönungen in Rot und Grün.

Lichtsäulen

Klassische Lichtsäule ➤

Lichtsäulen sind (normalerweise) sehr helle Streifen, die von der untergehenden oder aufgehenden Sonne ausgehend senkrecht nach oben weisen. Bei Sonnenuntergang können sie rot sein. Unabhängig von ihrer Färbung sind sie stets leuchtende Erscheinungen, weil das Sonnenlicht an den Oberflächen winziger beweglicher Eiskristalle in hohen Wolken reflektiert wird. Dieses Beispiel aus Dishforth in Yorkshire (Großbritannien) zeigt die klassische weiße Säule.

Ungewöhnliche Lichtsäule ➤➤

Diese Lichtsäule in Südengland sieht fast aus wie ein Ausrufezeichen am Himmel. Sie können die typische breite Säule sehen, aber an der Basis ist ein heller Fleck am Himmel, wahrscheinlich eine dichtere Wolke mit einer höheren Konzentration an Eiskristallen. Die Färbung der Lichtsäule wird durch die Farbe des Sonnenunterganges bestimmt.

Regenbogen

◄ Klassischer Hauptregenbogen

Regenbogen entstehen durch Lichtbrechung der Sonnenstrahlen an Regentropfen. Sie zeigen sich typischerweise an Tagen mit Sonnenschein und Regenschauern, wenn sich die Sonne im Rücken des Beobachters befindet und der Regenschauer im Blickfeld. Das Brechen der Lichtstrahlen bedeutet, dass Licht in sieben Hauptfarben des sichtbaren Bereichs (rot, orange, gelb, grün, blau, indigo und violett) zerlegt wird. Rot sieht man immer an der Außenseite und violett an der Innenseite des Bogens. Die Leuchtkraft eines Regenbogens hängt von der Größe der Tropfen ab: Große Regentropfen erzeugen die farbenprächtigsten Regenbögen.

Zwei Regenbogen – Haupt- und Nebenbogen ►

Wenn das Sonnenlicht zweifach an jedem Regentropfen gebrochen wird, entsteht ein zweiter, etwas blasserer Regenbogen außerhalb des Hauptbogens. In einer Aufnahme aus Embleton Bay in Northumberland (England) ist zu sehen, dass die Farbabfolge im Hauptbogen die übliche, im Nebenbogen allerdings die umgekehrte ist: Die roten Bänder sind also einander zugewandt.

◄◄ Nebelbogen

Der Name verrät es schon: Der Bogen entsteht, wenn die Sonnenstrahlen an den winzigen Tröpfchen des Nebels gebrochen werden. Das ist allerdings selten der Fall. Der Beobachter, die Sonne und der Nebel müssen den passenden Winkel zueinander haben. Da Nebeltröpfchen sehr klein sind, findet keine spektrale Auffächerung des Lichts statt, die Bögen sind also immer weiß. Abhängig von der Höhe der Sonne und dem Standort des Beobachters, ist es gelegentlich möglich, einen vollständigen Halbkreis zu beobachten.

◄ Regenbogen über dem Loch Morar

Die Größe eines Regenbogens hängt davon ab, wie hoch die Sonne am Himmel steht. Je höher die Sonne steigt, desto flacher wird ein Regenbogen. Wenn die Sonne höher als 42° am Himmel steht, verschwindet er ganz. Deshalb sind die größten und hellsten Regenbögen am Morgen oder am Abend zu sehen, wenn die Sonne am niedrigsten steht. Der Loch Morar in Westschottland ist der tiefste Süßwassersee in Großbritannien. Hier stand die Sonne offensichtlich recht hoch, denn sie erzeugt hier einen sehr flachen Bogen.

Glorie / Brockengespenst

Glorie über dem Meer

◄ Diese Erscheinung wird oft als Glorie bezeichnet, aber sie ist im Prinzip das gleiche wie das Brockengespenst, benannt nach dem Brocken im Harz, wo das Phänomen häufiger zu sehen ist. Die Glorie besteht aus farbigen Ringen um einen Schatten herum und bildet sich in zwei Situationen. Sie kann einen Flugzeugschatten umgeben, der auf eine Wolke geworfen wird, oder sie kann den Schatten eines Bergwanderers umgeben, der auf eine Wolke im Tal geworfen wird. Auf diesem Bild, das auf den Pfingstsonntagsinseln in Australien aufgenommen wurde, wird der Schatten des Flugzeugs auf eine sehr dünne Stratusdecke nahe der Meeresoberfläche geworfen.

Glorie auf einer dicken Wolkendecke ►►

Auf diesem Bild, wieder aus einem Flugzeug aufgenommen, zeichnet sich die Glorie auf einer dicken Wolkenschicht ab. Der Schatten des Flugzeugs ist kaum zu sehen, aber die Ringe sind sehr deutlich erkennbar. Es sind Brechung und Reflexion des Lichts an den Wolkentropfen, die die Ringe hervorbringen.

Strahlenbüschel

◄ Cumulus-Strahlenbüschel

Strahlenbüschel oder Lichtbüschel entstehen nur, wenn Wolken und Sonne zur richtigen Zeit an passender Stelle sind. Sie sind immer spektakulär und können in drei verschiedenen Formen vorkommen. Die häufigste Form ist auf dem Bild aus Dundee in Schottland zu sehen: Die Sonne befindet sich hinter einer großen Wolke, und die Lichtbündel strahlen von deren Kante aus. Typisch sind helle Sektoren mit dunklen Zwischenräumen. Die beiden anderen Formen sind zu sehen, wenn die Sonne von oben durch eine Öffnung in der Wolkendecke scheint oder zu Sonnenauf- oder -untergang, wenn das Licht von unten auf eine Wolkenkante scheint.

»Super Troopers« am Himmel ►

Hier ist eine Aufnahme von ganz typischen Strahlenbüscheln. Die Lichtbündel, die etwas an Spotlichter erinnern, gehen von der Kante einer Cumulus-Wolke aus, die etwas von der gelben Tönung der Sonne angenommen hat. Es ist leicht erkennbar, wie die unregelmäßige Kante der Wolke die hellen und dunklen Anteile der Strahlenbüschel beeinflusst. Dieses Wetterphänomen kann einen immer wieder zum Staunen bringen.

◄◄ Weißgold bei Port Erin

Ein Foto von Port Erin auf der Isle of Man zeigt dieses wunderbar goldene Wolkenbild. Man sieht Strahlenbüschel, die sich hinter einer Wolke herausfächern und dabei eine andere Wolke queren. Direkt über der Sonne sind die Strahlenbüschel sehr hell, und so erhält die obere Kannte der linken Cumulus-Wolke auch noch einen Restanteil an Tageslicht. Am unteren rechten Bildrand verschwinden die Wolken bereits in der Abenddämmerung.

◄ Helle und dunkle Strahlen

(Oben) Die Meer- und Wolkenlandschaft in Blau, aufgenommen bei Aberystwyth an der Westküste von Wales, wird in diesem Bild durch die blauweißen Strahlenbüschel vollendet.

(Unten) In diesem Bild eines Sonnenaufgangs über Jamaika sind es die Schatten über unregelmäßigen Wolkenkanten, die in den leuchtenden Himmel »hineinbrechen«. Das ist der umgekehrte Effekt: dunkle Streifen am erleuchteten Himmel. Die roten Töne der soeben aufgehenden Sonne machen das Bild noch interessanter.

Beleuchtete Wolken

In der Morgen- und Abenddämmerung sehen wir die Wolken oft in ein Rot getaucht. Das liegt daran, dass der rote Anteil des Strahlungsspektrums die Atmosphäre weiter durchdringen kann, während der blaue Anteil stärker gestreut wird und deshalb nur noch ein kleiner Teil davon die Wolke erreichen kann. Der Rotanteil dominiert deshalb.

◄◄ Rot, weiß und blau

Die vielleicht besten Gelegenheiten, einen Sonnenuntergang zu fotografieren, findet man an den Westküsten, dort, wo nichts den Blick behindert. Dieses Foto entstand bei *Square and Compass* in Pembrokeshire, nicht weit von der walisischen Westküste entfernt. Ein niedriges Wolkenfeld, wahrscheinlich Stratocumulus liegt nahe dem Horizont, sonst sieht man hauptsächlich Cirrus in unterschiedlichen Höhen. Der Rest eines Kondensstreifens erhält noch die letzten Strahlen weißen Sonnenlichts, bevor die Sonne untergeht.

◄ Walisisches Gold

Wenn die Wolkenbedeckung Lücken hat, kann die Sonne zwischen den Wolken hindurchscheinen und einen starken Kontrast zwischen den dunklen Wolken und der hellen Abendsonne schaffen. Diese beiden Fotos, aufgenommen bei Ebbw Vale in Südwales, vermitteln diesen Eindruck.

◄ Pfad in den Himmel

Sonnenuntergänge über dem Meer machen eine Abendstimmung immer zu etwas ganz Besonderem. Hier führt ein goldener Pfad über das Meer zur Sonne. Stratocumulus- und Altocumulus-Wolken liegen in verschiedenen Höhen und fangen das Sonnenlicht auf unterschiedliche Weise ein; dazu rauscht der leise Klang sanft auslaufender Wellen. Ein Himmelspfad wie hier strahlt immer eine friedliche Geborgenheit aus.

Bäume im Abendlicht ►

Diese teilweise durchleuchteten Nadelbäume heben sich einsam vor den dämmernden Cumulus-Wolken dicht über dem Horizont ab. In der Bildmitte sind dunkle Cirrus-Streifen erkennbar, während darüber eine große Wolke mit goldenen Knäueln leuchtet.

Gold über blau ➤

Dies ist eine wunderschöne Komposition eines romantischen Sonnenuntergangs über dem Fluss Exe bei Lympstone in Devon (England). Am überwiegend blauen Himmel schweben ein paar weiße Cirren, hoch genug, um noch von der vollen Tagessonne bestrahlt zu werden. Dicht über dem Horizont taucht die untergehende Sonne die Wolken in rote, gelbe und orange Töne. Dieser Effekt wurde durch die Streuung der kürzeren Wellenlägen verursacht, sodass wir nur die Wellenlängen noch wahrnehmen, die den wunderschönen goldenen Sonnenuntergang erzeugen.

◄ Ein heller Morgen

Bei diesem Sonnenaufgang über Berkshire in England ist der größte Teil des Himmels mit einer Altocumulus-Schicht überzogen, die von unten angestrahlt wird. Hier wird das Naturschauspiel durch weißes Sonnenlicht verursacht, statt der üblichen Goldtöne. Das Wolkenmuster trägt wesentlich zur Gesamtwirkung bei.

Luftspiegelung / Fata Morgana

Luftspiegelung in der Antarktis ➤

Eine Luftspiegelung ist eine Fata Morgana. Dabei handelt es sich um eine seltsame Verdopplung oder Verzerrung am Horizont. Die Ursache sind Strahlenbiegung und -brechung an den Grenzen zweier Luftschichten mit sehr unterschiedlicher Dichte. Auf diesem Bild, aufgenommen im Ross-Meer in der Antarktis, sieht man eine Fata Morgana, die am Horizont die Eislandschaft verzerrt. Sie scheint durch die Spiegelung gestreckt zu sein.

Spiegelungen mit zwei Sonnen ➤➤

Welches ist die echte und welches die gespiegelte Sonne? Dieses Bild zeigt das Paradoxon einer Fata Morgana. Bei diesem Sonnenaufgang besteht die Luftspiegelung aus einer Doppelung eines Teils der Atmosphäre, sodass eine zweite Sonne sozusagen aus dem Meer herausragt. Welches ist der richtige Horizont? Unser Auge und unser Gehirn haben Schwierigkeiten, sich genau zu orientieren.

Polarlichter

◄ Polarlichtstrahlen

Das Polarlicht, auf der Nordhalbkugel auch Aurora Borealis genannt, steht nicht in Zusammenhang mit dem Wetter, sondern ist ein elektrisches Phänomen, das durch magnetische Stürme in über 80 km Höhe in der Atmosphäre entsteht. Die Bezeichnung Aurora Borealis stammt von der römischen Göttin der Morgenröte, *Aurora*, und dem griechischen Namen für den Nordwind *Boreas*. Polarlichter sind sehr lebhafte, farbige und auch etwas gespenstische Erscheinungen. Die beiden Aufnahmen zeigen strahlenartige Varianten. Die obere bildet einen rötlichen Vorhang, die untere hat grün-bläuliche Strahlenbündel, die wie Suchscheinwerfer aussehen.

»Polarlichtgardine« ►

Das Polarlicht der nördlichen Breiten ist auch als Nordlicht bekannt. Es ist nicht statisch, sondern wechselt Farbe und Gestalt in schneller Folge. Dieses Beispiel leuchtet in blau-weißen Schleiern. Die weißen Punkte auf dem Bild sind Sterne und können dazu dienen, die Lage am Himmel genauer zu bestimmen. Hier ist das Polarlicht im Sternbild des Löwen. Nordlichter sind immer beeindruckende und unvergessliche Erlebnisse.

»Die elektrische Entladung eines großen Blitzes kann mehrere Hunderttausend Volt betragen und verheerende Folgen haben.«

10 Extremes Wetter

Extremes Wetter kann auf unterschiedliche Weise und in verschiedenen Ausmaßen vorkommen. In diesem Kapitel werden wir einen Blick auf extreme lokale Wetterereignisse werfen. Das können Ereignisse sein, die nur eine einzelne Stadt betreffen, einen Teil der Stadt oder den Teil eines Ozeans. Die Auswirkungen sind räumlich begrenzt, können aber dennoch sehr schwere Folgen haben.

Zunächst wird das Hauptaugenmerk auf Gewitter gelegt. Sie entwickeln sich hauptsächlich in ausgereiften Cumulonimbus-Wolken. Sie sind spannend und schön zugleich, aber auch furchteinflößend. Die elektrische Entladung eines großen Blitzes kann mehrere Hunderttausend Volt betragen und verheerende Folgen haben.

Als nächstes werden wir uns den Tornados zuwenden, den Luftschläuchen, die sich bei sehr niedrigem Luftdruck bilden können. Sie ziehen unvorhersehbar über das Land und hinterlassen oft schlimme Zerstörungen in ihrer Zugbahn. Tornados sind faszinierend und unheimlich zugleich. Wahrscheinlich liegt das an der ungeheuren Kraft, die sich auf einen kleinen Ort konzentriert, und der hohen Geschwindigkeit, so heftig und manchmal fatal.

Zuletzt begeben wir uns auf das Meer und werden anhand der Admiral-Beaufort-Skala sehen, wie extreme Windgeschwindigkeiten sich auf die Meeresoberfläche auswirken können. Von kleinen Wellen bis zu riesigen Wasserwänden werden wir sehen, wie der Seegang zunimmt, wenn sich der Wind verstärkt.

Blitze

◄ Gewitterspinne

Gewitter sind die häufigsten Extremwetterereignisse. Sie sind mit einer bestimmten Wolkenart verknüpft: dem Cumulonimbus (siehe Kapitel 5). Ein typischer Blitz entsteht, wenn sich elektrische Potenzialunterschiede zwischen Ladungen im oberen und unteren Bereich der Cumulonimbus-Wolken und dem Erdboden aufbauen und dann entladen. Unterschiede von Potenzialen innerhalb der Wolke können weitere interne Entladungen zur Folge haben, die wie eine Spinne die Wolke durchziehen (am.-engl: spider lightning). Hier ist ein eindrucksvolles Beispiel aus Woodland in Oklahoma (USA).

Ein Knall über Valentine ►

Eine große Cumulonimbus-Wolke mit einer heftigen Entladung zwischen Wolke und Erdboden. Die Potenzialdifferenz hat ein kritisches Maß erreicht, und wir sehen einen extrem hellen, einzelnen Blitz, im Moment seiner Entladung zwischen Wolke und Erde. Dieser Blitz in Valentine (Nebraska; USA) ist aus der Wolke diagonal Richtung Erde herabgeschossen.

◄◄ Blitzgabelung

Auf diesem Foto, das von oben die Stadt Budapest zeigt, sieht man einen reichlich verzweigten Blitz. Wahrscheinlich war nur ein einzelner heller Blitz für das Auge zu sehen, aber die Kamera erlaubt es, einen Hauptblitz und mehrere Abzweigungen auszumachen, die fast alle nach unten führen. Wenn die Ladung zwischen Boden und Wolke zunimmt, gibt es mehrere Pfade geringen Widerstands, die eine Entladung nehmen kann. Das führt anstelle einer einzigen Bahn zu verzweigter Blitzführung.

◄ Kansas-Kracher

Das ist ein Bild eines mehrfachen Blitzes aus Sharon Springs in Kansas, mit einem querlaufenden Blitz und einem weiteren, der senkrecht einschlägt und sich zudem verzweigt hat. Weit mehr als die Hälfte aller Blitzentladungen finden innerhalb der Gewitterwolken statt. Es sind aber die Blitze von der Wolke zur Erde, die wir häufiger wahrnehmen.

◄ Blitze: Großbritannien bis USA

Bei längerer Belichtungszeit sind hier im Laufe von mehreren Sekunden drei Blitze abgelichtet worden. Es handelt sich dabei nicht um ein gigantisches Gewitter in den USA, sondern das Bild ist in Bracknell in Berkshire entstanden, wo viele Jahre der Hauptsitz des Britischen Wetterdienstes (*Met Office*) war.

◄ Im »Kraftwerk« dieser Superzelle in Arkansas ist das Krachen des Gewitters fast hörbar. Innerhalb der Gewitterwolke ist das Licht einer flächenhaften Entladung zu sehen, mindestens zwei Blitze reichen von der Wolkenbasis zum Boden.

Gewaltiger Blitz ►

Gelegentlich kann sich ein Blitz aus der Wolke in eine scheinbar klare Luft entladen und dort wieder verschwinden. Dieses spektakuläre Bild aus Budapest zeigt mehrere »Blitzfäden«, die sich in der Luft verlieren und einen mächtigen Blitz, der von der Wolke aus mitten in die Stadt einschlägt. Dieser Blitz wird wahrscheinlich einigen Einwohnern größere Probleme bereitet haben als nur eine laute, schlaflose Nacht.

Tromben

◄◄ Tornados in Australien

Diese beiden faszinierenden Fotos zeigen denselben Tornado (Großtrombe) zu verschiedenen Zeiten, während er bei Northam in Westaustralien über das Land zieht.
Der Boden ist sehr trocken, sodass der rote lose Sand und Staub in den Tornadorüssel hineingezogen werden. Dieser Tornado ist recht klein und hinterlässt eine eng begrenzte Spur. Meist haben Tornados einen Durchmesser von einigen Hundert Metern.

◄ Staubteufel in Colorado

Am unteren Ende der Skala kleinräumiger Wirbelstürme sind die Staubteufel (Kleintromben). Das Bild aus Walsenburg (Colorado; USA) zeigt ein solches Exemplar. Tornados bilden sich an den Auf- und Abwinden einer großen Gewitterwolke, Staubteufel dagegen entstehen in Aufwinden lokal überhitzter Luft unter trockenen, heißen und sonnigen Bedingungen. Dieses empfindliche und feine Exemplar hebt sich schön von dem blauen Himmel ab.

Bedrohung über Nebraska

Diese bedrohliche schwarze Wolkenmasse kombiniert eine Gewitter-Superzelle mit einem Tornado. Tornados kommen auf allen Kontinenten vor, werden aber am häufigsten in den USA gesichtet, im Durchschnitt 1000 pro Jahr. Die meisten von ihnen treten im Südosten des Landes und über den Great Plains auf – ein Gebiet, das manchmal als Tornado Alley (Tornadostraße) bezeichnet wird. Auch dieser hier ist dort entstanden.

◄◄ Seltenes Tornadodoppel

Tornados sind Gebiete mit sehr tiefem Luftdruck, die von sehr hohen Windgeschwindigkeiten begleitet werden. Bereits ein einzelner Tornado kann enormen Schaden anrichten, sodass der Anblick von zwei gleichzeitig auftretenden Tornados deutlich von dem abweicht, was man normalerweise erwarten würde. Es ist ein seltenes, aber nicht einmaliges Ereignis. Diese beiden Exemplare gehören zur selben Superzelle, aufgenommen in Nebraska, der Geburtsstätte vieler Tornados. Beide weisen den typischen Rüssel auf, der von der Wolkenbasis herabreicht.

◄ Wolkenrüssel

Wenn ein Rüssel aus der Unterseite einer Cumulonimbus-Wolke herauswächst, ist die Entstehung eines Tornados sehr wahrscheinlich. Der Wolkenrüssel markiert den Bereich, in der die Luft an der Gewitterwolkenbasis sehr schnell rotiert. Sobald der Rüssel den Erdboden erreicht, ist ein Tornado entstanden. Der Wolkenrüssel reicht hier zwar noch nicht bis zum Boden, aber eine Säule rotierender Luft ist auch hier bereits zu sehen.

◄ Dichter sandiger Tornado

Dieser kleine Tornado in Nebraska hat einen sehr schmalen Wirbel. Kleine Tornados haben oft nur einen Durchmesser von 50–100 m mit Winden von nur 65 km/h (35 kn). Die größten Vertreter haben hingegen mehrere hundert Meter Durchmesser und erreichen Windgeschwindigkeiten von bis zu etwa 485 km/h (262 kn). Wenn sie entstehen, sind in besiedelten Gebieten erhebliche Schäden unvermeidbar.

Eine Farm in Gefahr ►

Als der Rüssel sich aus dieser Cumulonimbus-Superzelle herabsenkt, scheint diese Farm genau in der Zugbahn des entstehenden Tornados zu liegen. Die enorm konzentrierte Kraft eines Tornadowirbels ist so stark, dass sie leicht Tiere und Fahrzeuge in die Luft wirbeln und Gebäude zerstören kann. Tornadowinde können sogar aufgewirbelte Gegenstände durch Wände hindurch schleudern und scheinbar sichere Orte vernichten. Zerstörungen, die wir alle im Fernsehen schon einmal gesehen haben.

Gebogene Tornadopipeline

In den USA auch als *Twister* bezeichnet, sind Tornados tatsächlich die kraftvollsten Wettererscheinungen der Erde. Der Wolkenrüssel und Wirbel dieses Tornados verhält sich merkwürdig, indem er zunächst wie ein langes, beinahe waagerechtes Rohr beginnt, um dann um fast 90° abwärts zu biegen. Das Bild ist in Clay County (Nebraska) aufgenommen worden und zeigt, dass Tornados ebenso individuell, wie lebensgefährlich sein können.

Wind und Sturm

Seegang

Der britische Konteradmiral Sir Francis Beaufort (1774–1957) schuf die Beaufort-Windskala. Sie richtet sich nach zwei Hauptkriterien: Beobachtungen an Land und Beobachtungen des Seegangs. Letztere schufen die Grundlage für Windbeobachtungen. Die Windstärkeskala hat 13 Stufen: von 0 (Windstille) bis 12 (Orkan), oft abgekürzt mit F0, F1, bis F12 (oder 0 Bft. bis 12 Bft.).

Diese Fotoserie führt uns von der Windstille (oben links) bis zu Windstärke 5 (unten rechts).

Stille	F1	F2
F3	F4	F5

Wir können die Entwicklung von der kleinen Kräuselung (F1) über kleine kurze Wellen (F2), dem Beginn der Schaumbildung (F3), länger werdende Wellen (F4) bis zu mäßigen Wellen großer Wellenlänge (F5) verfolgen.

Hier beginnt es interessant zu werden. Die zweite Fotoserie führt uns von Windstärke 6 bis 11.

F6	F7	F8
F9	F10	F11

Wir beginnen mit größeren Wellen mit überbrechenden Schaumköpfen (F6). Dann folgen brechende Wellenkämme mit Schaumstreifen in Windrichtung (F7) und recht hohe Wellen, deren Kämme verweht werden (auch als stürmischer Wind bezeichnet; F8). In diesem Stadium werden Schiffe schon recht stark hin und her bewegt, der Seegang ist schon hoch, dichte Schaumstreifen liegen auf dem Wasser, und die Wellenkämme brechen. Dann beginnt sich bei zunehmendem Wind die See manchmal merkwürdigerweise vorübergehend etwas zu glätten, während die Gischt von den Kämmen wegweht (F9). Aber es bilden sich dafür schon einzelne hohe *Brecher*, und durch die überbrechenden Kämme mit ihrer weiß verwehten Gischt sieht man größere weiße Flächen auf dem Meer (F10). Bei Windstärke 11 (F11) ist der Seegang außergewöhnlich hoch, und kleine oder mittelgroße Schiffe sind hinter den hohen Wellen zeitweise nicht mehr zu sehen. Das ist eigentlich nicht der richtige Zeitpunkt, auf dem Meer zu sein.

◂ Windstärke 12 – Orkan

Dieses Bild vermittelt einen Eindruck davon, wie es ist, während eines Orkans auf dem Meer zu sein. Die Wellen sind riesig, 9–12 m hoch vom Wellental bis zum Kamm, mit langem Abstand zwischen den Kämmen. Die Auf- und Abwärtsbewegungen eines Schiffes sind enorm, und bei Kursen gegen die Laufrichtung der Wellen ergießen sich große Wassermassen über das Deck. Die Luft ist ständig mit Gischt gefüllt.

Orkan der Stärke 12 ▸

Hier ist ein weiteres Foto, das bei Windstärke 12 aufgenommen wurde. Dieses Mal taucht der Schiffsbug weit in die nachfolgende Welle ein. Diese Wellen sind beängstigend hohe Wasserwände, und dennoch ist für erfahrene Seeleute die Begegnung mit solchem Seegang ein Teil eines anspruchsvollen Arbeitstages auf See. Der Seegang kann aber auch aus Wellen bestehen, die aus unterschiedlichen Richtungen kommen. Das sind die Verhältnisse, bei denen die Schiffsbewegungen am unangenehmsten sind. Das Schiff erfährt dann nicht nur das Auf und Ab der Stampfbewegungen, sondern bei solchen sogenannten *Kreuzseen* kommen auch noch starke Rollbewegungen dazu.

Register

Verweise auf Abbildungen sind **fett** gedruckt

Bildquellen

Seite 6 und Seite 110: Roger Coulam

Teil 1

Dundee University 22, 23, 24, 25, 26, 27

GeoEye und NASA SeaWiFs Project 32, 38, 39, 40

NASA 18, 19

NASA/Jesse Allen, Earth Observatory 71

NASA/Jesse Allen, Earth Observatory, mit freundlicher Genehmigung der NASA/GSFC/METI/ERSDAC/JAROS und des US/Japan ASTER Science Team 99

NASA/Jesse Allen, Verwendung der Daten mit Erlaubnis vom Goddard Earth Sciences DAAC 53

NASA/Aqua 72, 73

NASA/GSFC/Jesse Allen, basierend auf Daten des MODIS Rapid Response Team 50

NASA/GSFC/Bob Cahalan 50

NASA/GSFC/Jacques Descloitres, MODIS Land Rapid Response Team 28, 29, 30, 37, 44, 46, 47, 48, 49, 55, 56, 58, 59, 62, 64, 65, 68, 69, 77, 78, 86, 87, 88, 89

NASA/GSFC/JPL, MISR Team 61

NASA/GSFC/LaRC/JPL, MISR Team 45, 74, 75

NASA/GSFC/MITI/ERSDAC/JAROS und US/Japan ASTER Science Team 96

NASA/GSFC, MODIS Rapid Response Team 35, 63, 94, 95

NASA/GSFC/Jeff Schmaltz, MODIS Rapid Response Team 34, 52, 54, 57, 70, 79, 92, 100, 101

NASA/GSFC/Scientific Visualization Studio 80

NASA/GSRC/Reto Stöckli (Landfläche, Flachwasser, Wolken). Bearbeitung durch Robert Simmon (Wasserfarbe, Satz, 3-D-Globen, Animationen). Daten und technische Unterstützung: MODIS Land Group; MODIS Science Data Support Team; MODIS Atmosphere Group; MODIS Ocean Group Additional data: USGS EROS Data Center (Topographie); USGS Terrestrial Remote Sensing Flagstaff Field Center (Antarctis); Defense Meteorological Satellite Program (Stadtlichter) 16, 17, 20, 21

NASA/ISS Crew Earth Observations experiment und Image Science & Analysis Laboratory, JSC 84

NASA/JSC, Earth Sciences und Image Analysis Laboratory 51, 76

NASA/Robert Simmon, basierend auf Landsat-7-Daten der Global Land Cover Facility 98

NASA/Robert Simmon, NASA's Earth Observatory, basierend auf Daten mit dem Urheberrecht bei Space Imaging 97

NASA/Space Science und Engineering Center, University of Wisconsin 36

NASA/Reto Stöckli, mit der Hilfe von Alan Nelson, unter der Leitung von Fritz Hasler 81

NASA/USGS Eros Data Center, basierend auf Daten des Landsat Science Team 90, 91

NASA/USGS Eros Data Center, Satellite Systems Branch (Teil der Landsat Earth as Art series) 93

Teil 2

D. G. Allen 225
Prof. A. H. Aver Jnr 184
A. Best 210
J. Bowskill 140 oben, 186 oben, 188 oben
C. S. Broomfield 133, 136 unten, 138 oben, 149, 160 unten
D. Brown 214
D. M. G. Buchanan 150
Stephen Burt 117, 122, 132 oben, 147, 148, 153, 167, 180 unten, 198, 199, 202, 205
Jane Corey 124, 156, 157, 163, 174 unten, 192, 214 top, 216 oben und unten, 218, 219
Roger Coulam 106, 107, 108, 109, 110, 111, 112, 113, 114, 115, 116, 118, 120, 121, 130, 175, 194, 195, 196, 207, 208, 228, 229, 230, 231, 232 unten, 233, 235, 237, 238, 239, 240, 241, 242
Crown copyright 140 unten, 151, 160 oben, 171, 172 unten, 181, 185, 188 unten, 244 links: oben und unten, rechts: unten, 247
W. M. Cunnington 209
C. Dake 143
Marion Foreman 123
Jim Galvin 127, 132 unten, 136 oben, 137, 187 unten, 211
Mrs A. Gilkes 186 unten
J. Haines 234 rechts
P. D. Harris 143
Dr R. Harris 182
M. I. Holmes 162 unten
R. Howes 145, 146
R. N. Hughes 182
S. Jebson 221
A. McClure 144
D. McConnell 144
A. McHardy 212
R. W. Mason 166, 220
P. J. May 234 links
J. R. S. Morgan Grenville 208
P. J. B Nye 129, 180 oben, 193, 204
W. G. Pendleton 197, 201 unten
W. Pike 164
R. K. Pilsbury 126, 138 unten, 139, 142, 152, 159, 168, 169, 170, 203, 215 unten, 223, 232 oben,
J. M. Pottie 161
C. G. Roberts/Crown copyright 128, 141, 172 oben, 173, 178, 179
J. Shepherd 249
K. B. Shone 213
D. A. R. Simmons 224 oben und unten, 225
J. C. Smart 200, 201 oben
J. P. Thomas 174 oben
J. Thomson 248
J. Walton 162 oben
M. J. Wood 222

Zur Kontaktierung der Urheberrechtsinhaber der Bilder wurde jede zumutbare Anstrengung unternommen. Sollten irgendwelche Unterlassungen oder Ungenauigkeiten vorhanden sein, würde sich der Verlag freuen, diese im Falle einer Nachauflage zu korrigieren.